超圖解 電力電路 入門

從電路的性質、分析測量到應用範圍，一本全面學習！

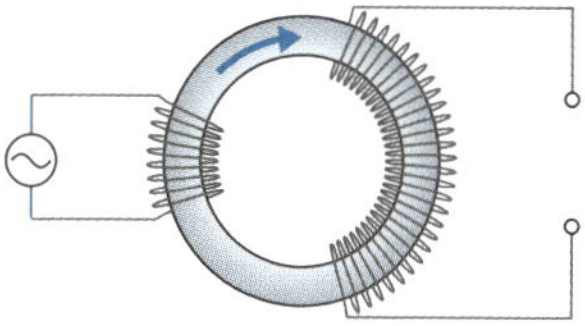

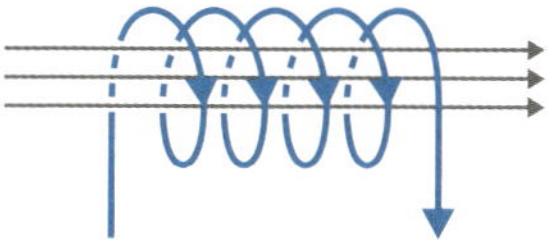

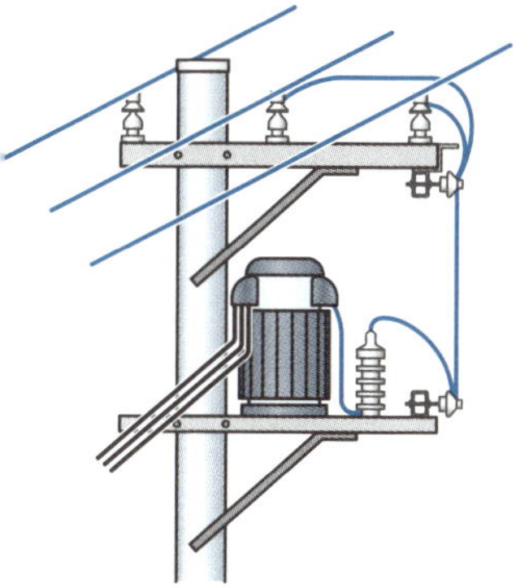

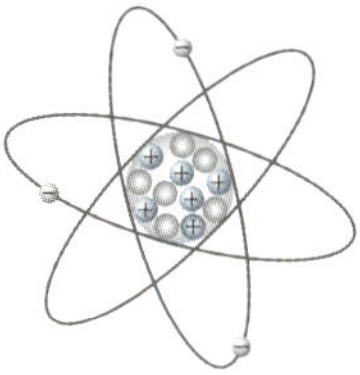

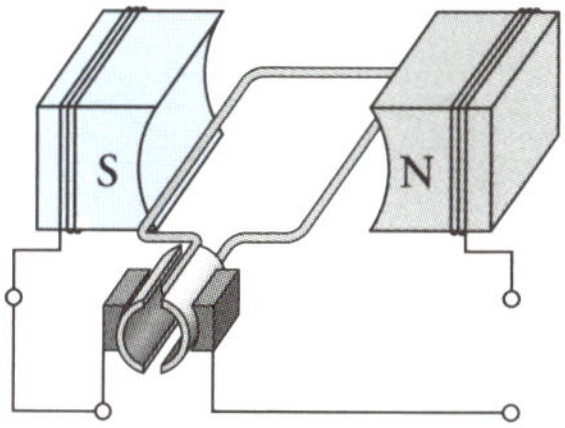

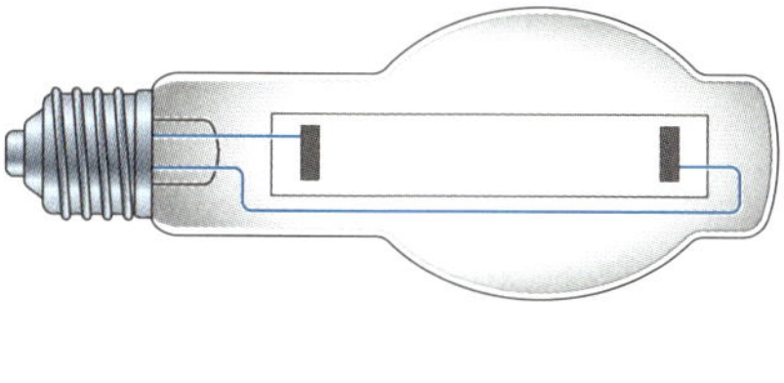

二宮崇／著　陳朕疆／譯

前言

　　電路是電力流通的路徑。這條路徑就像一個封閉的環,流出多少電量就會有多少電量流回。電力可以在這條路徑上發揮某些功能。除了發光、發熱、產生動力之外,還包括產生化學變化等等。我們還可以從外部作功,促使電力流動。

　　在學習電力電路時,不只可以知道電通過的「路徑」、在路徑上的「流動情況」,也會瞭解到電流通過時如何作功。也就是說,我們可以透過電力電路瞭解電力的各種應用方法。另外,電與磁之間的關係相當密切,所以我們在本書中也會稍微跨足到磁學領域。

　　200多年前,我們開始系統性地瞭解電的性質,直到100多年前,我們才開始實際使用電力。與古埃及、古希臘時代便開始研究的力學、天文學、化學等相比,電學可以說是相當嶄新的領域。不過,電已是現代人日常生活中不可或缺之物,電在人類社會中的用途也越來越廣。

　　電學的世界相當深奧,本書則是帶領各位進入這個世界的第一本入門書籍,試圖透過通有電流的封閉環路展示這個世界的奧祕。本書前半段會把重點放在電的路徑與流動情況,後半段則會把重點放在通有電流之電路的應用,也就是電力的應用。

　　即使不是電力設備的專業人士,如果各位在閱讀本書之後,在使用插頭時、用音響聽音樂時,也能對電器背後的電力運作方

式有個大致上的概念,那就太棒了。

2024年2月

二宮　崇

本書的目標讀者

本書的目標讀者是想要從電路切入,進而瞭解整體電力相關知識的人。特別推薦給以下讀者。

- 非電力設備專業人士,想進一步瞭解相關電力知識的技術人員
- 過去從來沒有學過電學,想要學習電力知識卻不得其門而入的人,或者是想要考取證照卻屢屢受挫的人
- 從事電力設備相關工作,卻不瞭解相關技術知識的人

在說明電路的性質時,無可避免地會提到數學式,但我盡可能以平易近人的方式描述相關內容。我也設法將書中內容設計成即使跳過數學式,也能理解本書概要。如果各位覺得閱讀本書有些困難,可以先試著閱讀同系列的《超圖解電學知識入門》。掌握電學的整體概念後,將更能理解本書的內容。

本書結構

本書由以下 9 個 **Chapter** 構成。

Chapter 1 　電力是什麼？──電力電路的基礎知識
Chapter 2 　直流電路的分析
Chapter 3 　交流電路的分析
Chapter 4 　交流電的主角──三相交流電路
Chapter 5 　瞭解電的樣貌──測量電力
Chapter 6 　電在資訊上的應用──聲音訊號電路
Chapter 7 　電力電路的集大成──電力系統
Chapter 8 　電力在動力、化學等各領域的應用
Chapter 9 　碳中和與電力

在 **Chapter 1** 中，我們會介紹電學的基礎知識。在 **Chapter 2〜4** 中，則會說明電路的分析方式，學習電通過的「路徑」，以及電在路徑上的「流動情況」。在 **Chapter 5** 中，我們會學習在電力應用中，不可或缺的電流測量方式。在 **Chapter 6〜8** 中，則會介紹電流動時所作的「功」，也就是電力的各種應用。最後在 **Chapter 9** 中，我們會介紹防止地球暖化的碳中和，以及電力在碳中和過程中所扮演的重要角色。

CONTENTS

前言 iii

Chapter 1 | 電力是什麼？——電力電路的基礎知識

① 從正流向負？——電的流動 2

② 使電流動的壓力——電壓 4

③ 電流動的路徑與阻止電流動的路障——導體與絕緣體 6

④ 在分析電路時常使用的規則——歐姆定律 10

　　專欄│1　姓名被用作單位名稱的偉人們（其1） 13

⑤ 消耗電力時產生的力與功——電功率與電能 14

⑥ 一直是單行道？交互輪流通行？——直流電與交流電 16

⑦ 如親子或兄弟般親密的關係——電與磁 18

Chapter 2 | 直流電路的分析

⑧ 會增加還是減少？——串聯與並聯 24

⑨ 驅動電路的動力來源——電壓源與電流源 26

⑩ 用這條式子解決複雜的電路——閉路方程式 28

⑪ 實用性高、適用大規模電路的方法——節點方程式 32

⑫ 分析電路的技巧（其1）——電壓源與電流源的轉換 36

⑬ 分析電路的技巧（其2）——重疊定理 40

Chapter 3 | 交流電路的分析

14 商用電源的波形長這樣──正弦波交流電 … 44
  專欄 2　三角函數 … 46
15 交流電波形的表示方式──瞬間值與有效值 … 47
16 拒絕電流改變的線圈、儲存電荷的電容器 … 51
  專欄 3　虛數與複數的計算方法 … 55
17 可自由改變電壓的交流電王牌──變壓器 … 56
  專欄 4　磁場與磁通量密度的關係 … 58
18 使用向量表示──極座標表示法與複數表示法 … 59
19 知道這些就能瞭解什麼是交流電──交流電力的分析 … 63
  專欄 5　暫態現象 … 67

Chapter 4 | 交流電的主角──三相交流電路

20 交流輸電的主角登場──三相交流電 … 70
21 只有三相交流電才有的接線方式──星形接線與三角接線 … 72
22 關鍵字是 $\sqrt{3}$ ──三相交流電的電壓、電流、電力 … 74
23 選擇它的理由──三相交流電的優點 … 76
  專欄 6　三相不平衡電路的分析方法 … 78

Chapter 5　瞭解電的樣貌 ── 測量電力

24 精確捕捉電的樣貌 ── 電的測量與誤差 80
25 智慧與工藝的結晶 ── 類比檢測器的結構與種類 84
26 冷知識？ ── 測量畸變波時須注意的重點 88
27 如何決定電費 ── 電功率與電能的測量方法 90
28 用不同方法測量不同對象 ── 電阻的測量 92
29 高電壓、大電流的測量工具 ── 檢測器用變換器 96

Chapter 6　電在資訊上的應用 ── 聲音訊號電路

30 聲音訊號是加倍遊戲 ── 用來表示聲音強度的分貝 100
31 連結電與聲音的世界 ── 麥克風與揚聲器 102
32 發揮線圈與電容器的本領 ── 頻率濾波電路 104
33 濾波電路的應用 ── LC諧振電路 108
34 聲音訊號處理的心臟 ── 放大器的使用方式 110
35 傳遞聲音訊號的常用工具 ── AM無線電與FM無線電 112
36 已普遍使用的工具 ── 2進位、數位訊號、數位轉換 114

Chapter 7 電力電路的集大成——電力系統

37 電流戰爭的勝利者是誰？——直流電還是交流電 ········ 120

38 從大動脈到微血管——輸電線與配電線 ········ 122

39 決定接地故障時的特性——中性點接地法 ········ 126

　　專欄 7　姓名被用作單位名稱的偉人們（其2）········ 129

40 可橫跨不同電壓等級，自由計算阻抗——百分比阻抗法 ········ 130

41 設想各種情況的應對方式——電力系統的保護 ········ 134

42 決定電力品質的重點——頻率的維持 ········ 138

43 交流電的意外弱點——交流輸電線的輸電能力 ········ 142

　　專欄 8　試推導功角特性曲線 $P = \dfrac{V_\mathrm{s} V_\mathrm{r}}{X} \sin\theta$ ········ 144

44 電力品質的另一個重點——電壓調整機制 ········ 145

45 在現代技術下復活，補足交流電的弱點——直流輸電 ········ 149

　　專欄 9　諧波 ········ 153

Chapter 8 電力在動力、化學等各領域的應用

46 瞭解電力與動力的關係——將電力轉換成動力使用 ········ 156

47 將其他能量轉換成電能——發電機制 ········ 158

48 現在是交流馬達的全盛期——馬達的種類與特徵 ········ 162

49 以電力推動物流以及人們的交通工具——鐵路 ········ 166

- 50 省電王牌的魔法熱源——熱泵 ... 170
- 51 電在化學世界中也相當活躍——電化學 ... 172
- 52 只有電做得到的神奇能力——感應加熱與微波加熱 ... 174
- 53 電力應用的開端——照明的機制 ... 176
  - 專欄10 照明燈的亮度單位 ... 180
- 54 遍布生活的每個角落——家電或資訊機器的電源供應 ... 181

Chapter 9 碳中和與電力

- 55 用電救地球——碳中和與電 ... 184
- 56 只有電才做得到的去碳化——再生能源 ... 186
- 57 太陽能發電與風力發電的普及化關鍵——蓄電池 ... 190
- 58 難以捨棄的火力發電——火力發電的去碳化 ... 192
  - 專欄11 燃料電池的機制 ... 195
- 59 虛擬電廠、智慧社區、直流供電 ... 196
  - 專欄12 減少碳排放的光與影 ... 199

INDEX ... 200

Chapter 1

電力是什麼？
——電力電路的基礎知識

電路是電流通的路徑，為一個閉環。在 Chapter 1 中，我們會學習「路徑」本身，以及路徑上的「流動情況」的基本知識。閱讀 Chapter 2 之後的章節時，如果有看不懂的地方，可以再翻回來看看。

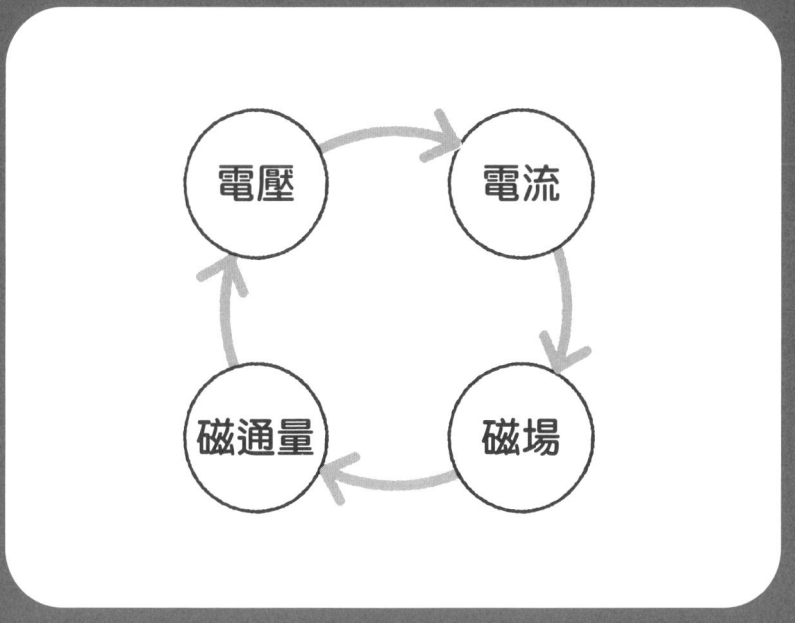

電的樣貌　　　　　　　　　　電流　安培　電荷　庫侖

1 從正流向負？
—— 電的流動

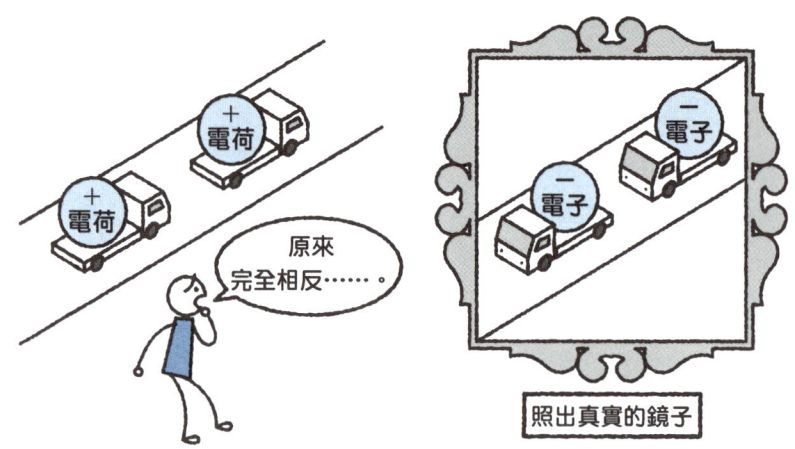

照出真實的鏡子

電會從正極流向負極。電的流動叫做**電流**。電的本體是帶電的粒子——**電荷**，電的流動就是電荷的流動。

然而，在物理學與電學相關研究飛速進展的19世紀末，科學家們發現，實際上電的流動是帶負電的電荷從負極流向正極。在還不曉得電的本體是什麼的時代所決定的電流方向，與實際情況剛好相反。不過，正電荷從正極流向負極，與負電荷從負極流向正極，在實際應用上並沒有太大的差別，所以後來科學家們也沒有改變電流方向的定義。

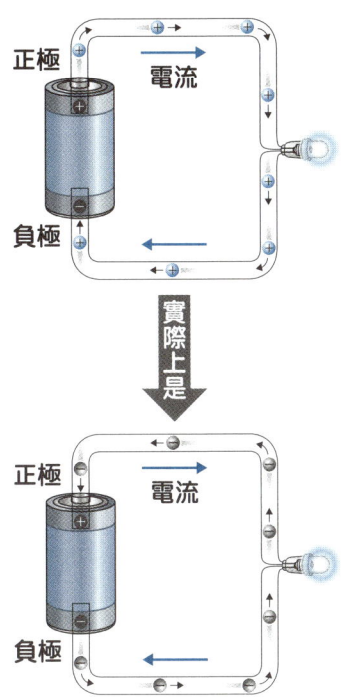

電流動時，帶負電荷的電荷本體為構成物質之「原子」中的**電子**。電荷量的單位為**庫侖[C]**。電子的電荷量為 $-1.602 \times 10^{-19}[C]$，所以 6.24×10^{18} 個電子的電荷量就是 $-1[C]$。

如果**1秒內**有**1[C]的電荷**通過，那麼電流大小就是1**安培[A]**。

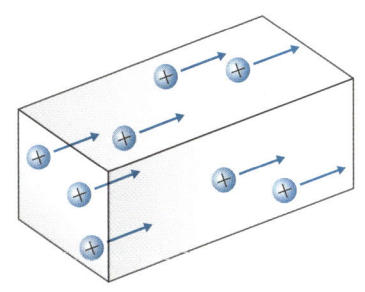

電流＝1秒內通過的電荷量

電路的構成要素　　　　　　　電壓　伏特　電源　電阻

使電流動的壓力
──電壓

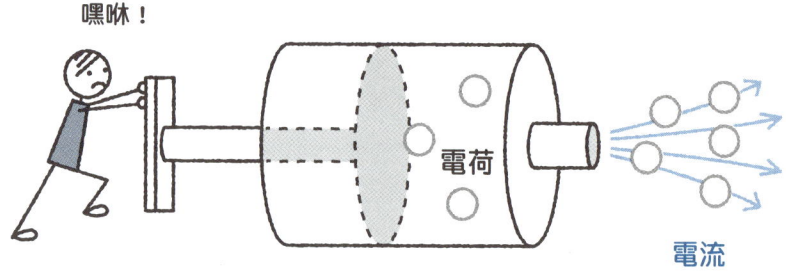

嘿咻！

電荷

電流

要讓電荷動起來、形成電流，需要力量推動。推動電荷的壓力就叫做**電壓**。電壓的大小會用**伏特**[V]來表示。這個單位名稱源自1800年左右，義大利的亞歷山卓・伏打（Alessandro Volta）所發明的伏打電池。

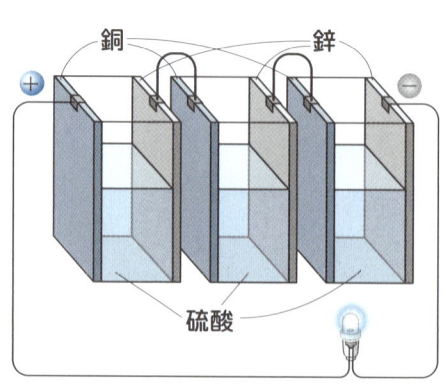

銅　　鋅

硫酸

〈伏打電池〉

伏打電池與改良後的鋅銅電池可用於各式各樣的實驗，讓科學家們進一步瞭解電的性質～。

電壓與電流的關係,就和水壓與水流的關係類似。要讓水流動就要先製造出水位差,形成水壓,這就相當於電壓。1秒內通過水道的水量則相當於電流。而水道的粗細和長度、水道中的水壩和水門等等,也會影響到水量,相當於③(導體與絕緣體)中提到的**電阻**。為了製造出水位差而將水往上抽的水泵,則相當於產生電壓的**電源**。

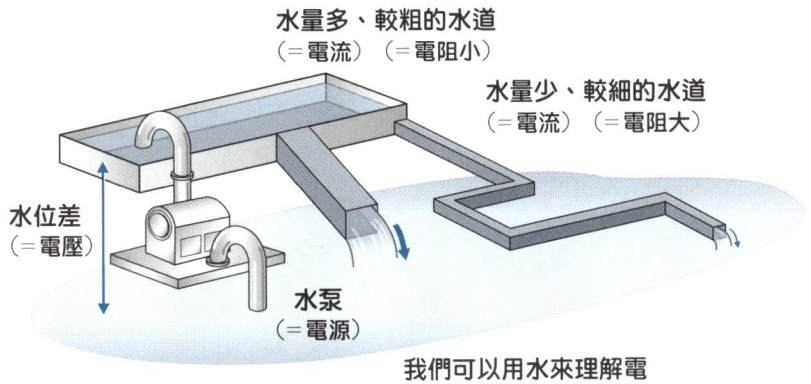

我們可以用水來理解電

　　我們可以由這張圖中的水,想像各種電的特性。首先,如果要增加水道中的水量,可以抬升上方水槽的位置,增加水位差,這就相當於提升電壓以增加電流。如果要在不改變水位差的情況下增加水量,則可以加粗水道。即使水道有分支,也不會改變分支前後的總流量,往上抽的水經過各式各樣的水道,最後都會回到原本的水池。不同能力的水泵,可上抽的水量與高度也不一樣。將上述水的特性套用在電上面,就可以理解 **Chapter 2**(直流電路)以前的大部分內容。

電的路徑　　　　　　　　　導體　絕緣體　電阻　歐姆

3 電流動的路徑與阻止電流動的路障
——導體與絕緣體

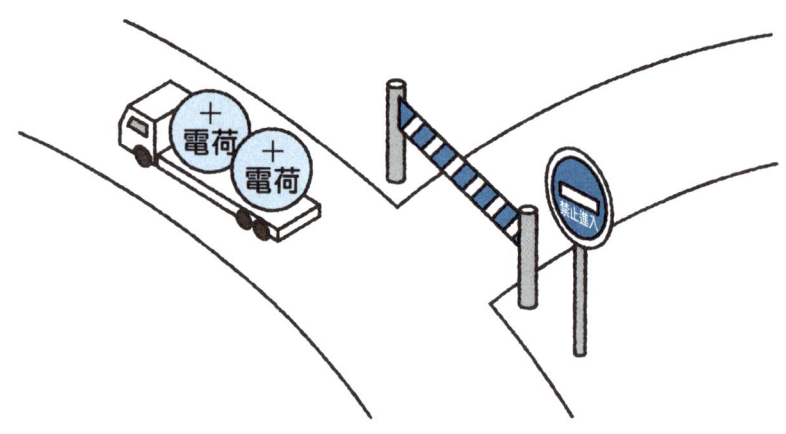

可讓電在其中流動的物質叫做**導體**，無法讓電在其中流動的物質叫做**絕緣體**。換句話說，導體是電的路徑，電荷可以在導體內移動。

導體是什麼

金屬是代表性的導體。金屬內部有移動上相對自由的「自由電子」，可以攜帶「電荷」。金屬以外的導體包括石墨與食鹽水等。

導體有**電阻**，類似電流動時的摩擦力。電阻最低的金屬是銀，但銀的價格昂貴，所以一般會用銅製作電線。另外，質輕的鋁也越來越常用作導體。

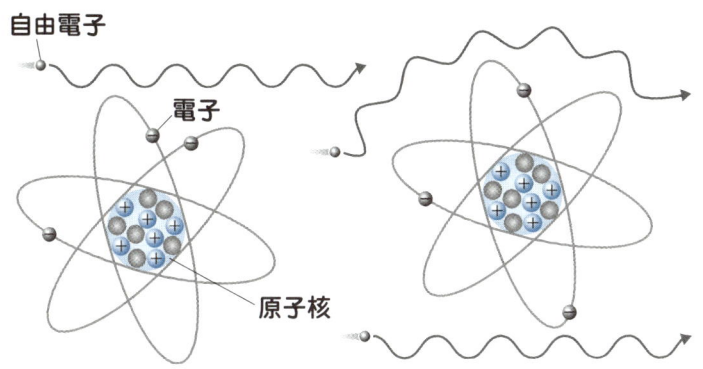

▲ 金屬內部的示意圖

一般電子會被原子核捕捉，繞著原子核轉，不過自由電子並非如此～。

所有導體或多或少都有電阻，電阻會阻礙電的流動，不過特殊材質經極低溫冷卻後，電阻會降至零，成為**超導**狀態。超導體已應用在某些需要使用大電流產生強力磁場的醫療機器上，但目前還未應用在日常生活中，需要投入更多研究開發工作。

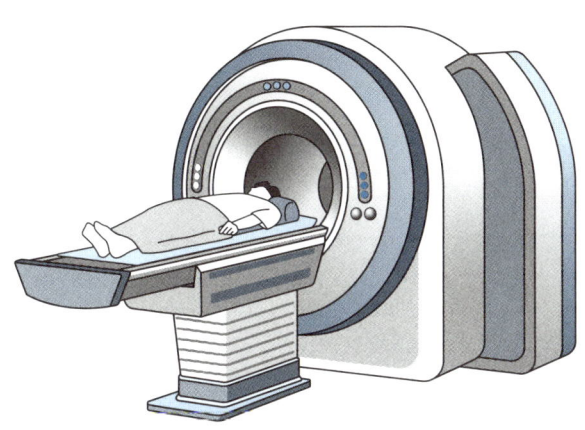

使用強力磁場的 MRI 檢查裝置

（使用−269℃的極低溫液態氦，產生零電阻的超導狀態）

絕緣體是什麼

為了讓電在導體內安全流動,需要使用**不導電的絕緣體**包覆導體周圍。因為絕緣技術的進步,才能實現高壓電的各種應用。

一般家電的電源線使用的絕緣體為聚氯乙烯;大容量的電纜線則主要使用聚乙烯作為絕緣體。架空輸電線的絕緣體為空氣,因此導體需要與其他物體保持一定的**間隔距離**,以確保安全。

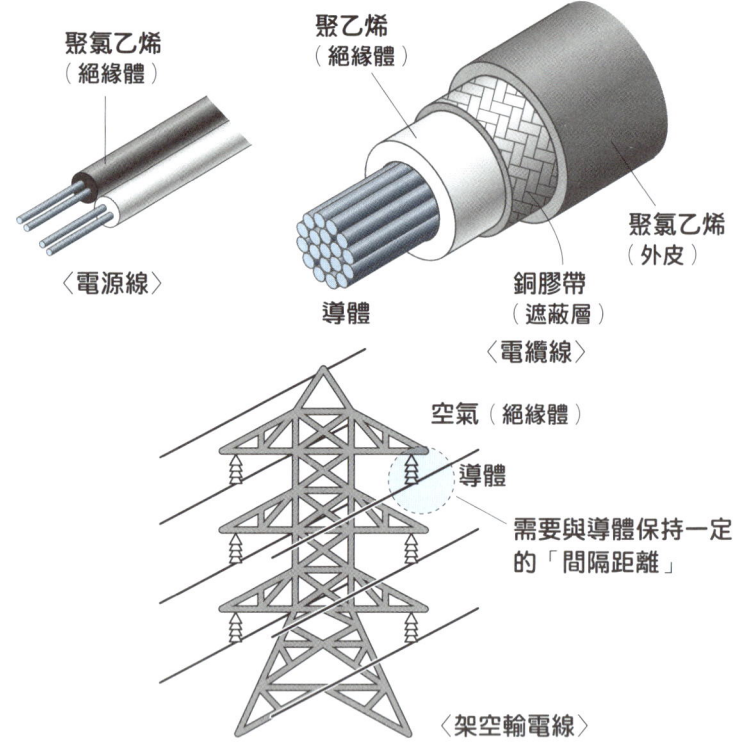

半導體是什麼

半導體在某些條件下擁有導體的性質,在某些條件下則有絕緣體的性質。矽是應用最廣的半導體。將含有不同雜質的2種矽接合在一起,可製作成僅能讓單一方向電流通過的二極體,或是能將微小電流的變化放大的電晶體,用於開發各種元件。

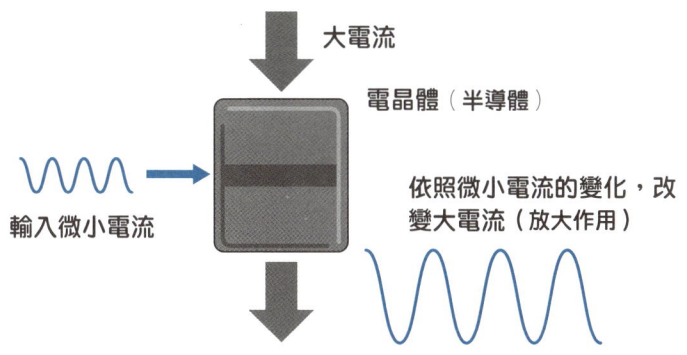

電阻的特徵與電阻器

電阻的大小與電線長度成正比,與電線的截面積成反比,與導體的電阻率成正比。電阻率為描述導體材料之導電能力的物理量。

一般來說,電阻越小的導體越優秀,但也有特地製作來抑制電流的電阻器,電阻特別大。電阻器有時候也簡稱為「電阻」。

電阻的單位是**歐姆**[Ω]。如果電阻器接上1[V]的電源時,產生1[A]的電流,則該電阻器的電阻值為1[Ω]。

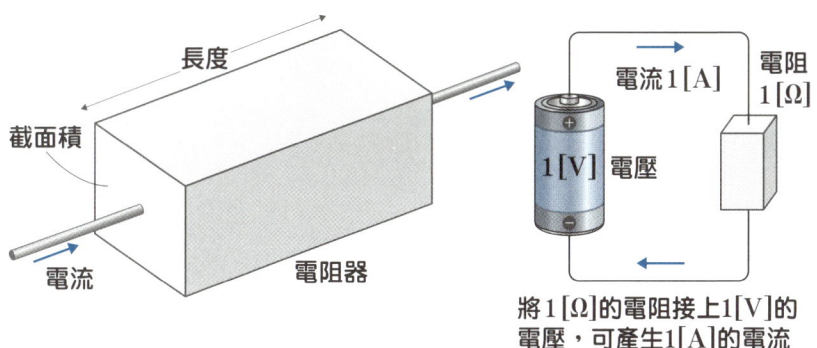

將1[Ω]的電阻接上1[V]的電壓,可產生1[A]的電流

電阻器的電阻大小為 $\dfrac{長度}{截面積}$ × **導體的電阻率**

越粗、越短的電阻器,電阻值越小

電的流動方式　　　　　　　　　　　歐姆定律　電壓降　電導

在分析電路時常使用的規則──歐姆定律

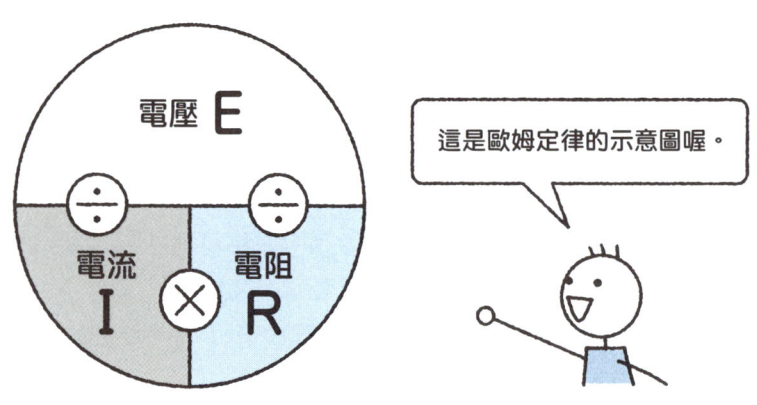

這是歐姆定律的示意圖喔。

前一頁我們提到，將1[Ω]的電阻接上1[V]的電源，可產生1[A]的電流。若將這個例子一般化，可以寫成「將R[Ω]的電阻接上E[V]的電源，可產生I[A]的電流」。電阻相同時，若將電壓變為2倍，電流也會變成2倍。也就是說，**電壓與電流成正比**。

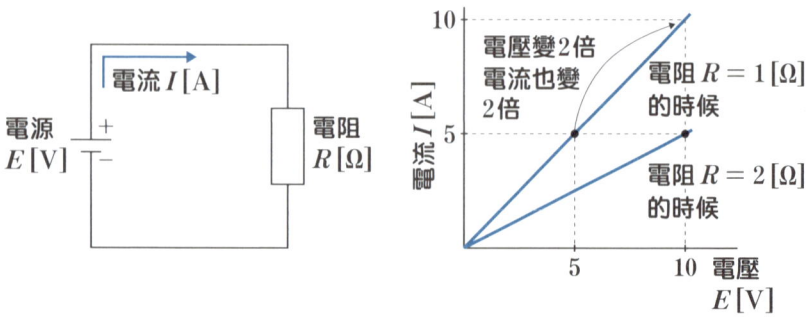

若將這個正比關係寫成式子，可以得到下式：

$$E = IR$$

這個關係式叫做**歐姆定律**。歐姆定律是分析電路時最重要的定律之一，在電學世界中時常登場。

對電阻施加電壓E使其產生電流，且歐姆定律成立時，電阻會產生E的**電壓降**，抵銷電源電壓E。用歐姆定律可求出電阻所產生的電壓降。

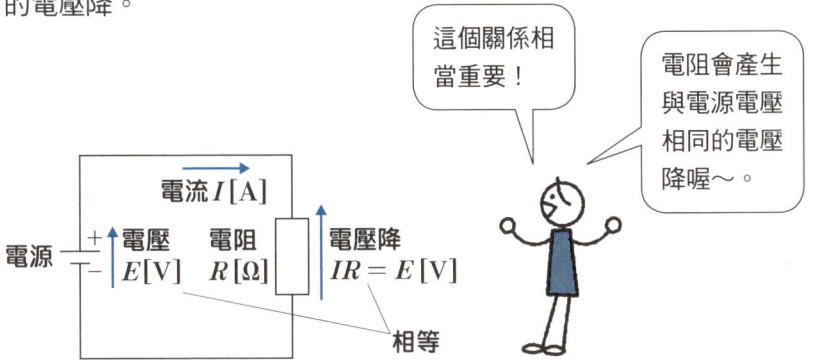

使用歐姆定律，便可計算出電路中各式各樣的數值。

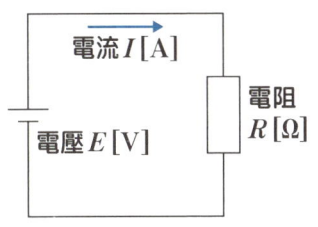

已知數值	由歐姆定律 可計算出的數值
電壓E、電流I	電阻 $R = \dfrac{E}{I}$
電壓E、電阻R	電流 $I = \dfrac{E}{R}$
電流I、電阻R	電壓 $E = IR$

若已知電阻R兩端的電壓,試求電流I。

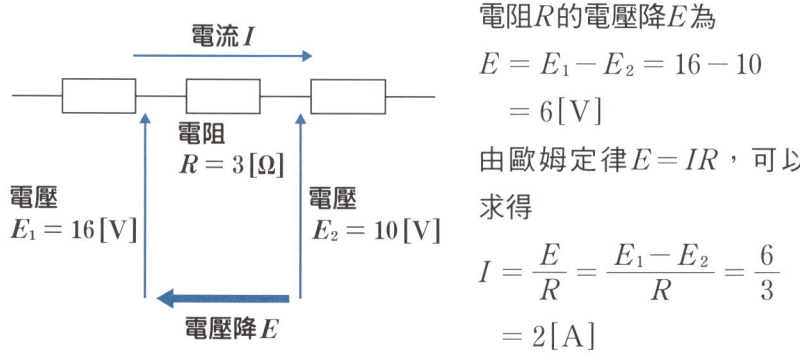

電阻R的電壓降E為
$$E = E_1 - E_2 = 16 - 10$$
$$= 6[\text{V}]$$
由歐姆定律$E = IR$,可以求得
$$I = \frac{E}{R} = \frac{E_1 - E_2}{R} = \frac{6}{3}$$
$$= 2[\text{A}]$$

電阻可視為讓電流通過的難度,電阻的倒數則可視為讓電流通過的容易度。電流通過的容易度叫做**電導**,單位為**西門子**[S]。

電導G與電阻R之間有$G = \frac{1}{R}[\text{S}]$的關係,所以我們也可以用電導將歐姆定律寫成$E = \frac{I}{G}$,或者寫成$I = EG$。

將電導$G = 0.05[\text{S}]$的電阻R接上100[V]的電源,試求其電流I的大小。

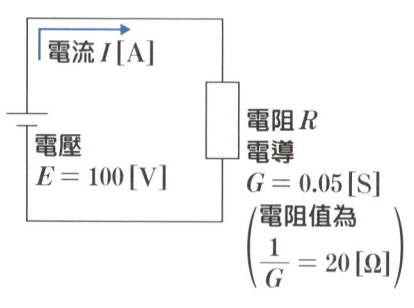

運用歐姆定律$I = EG$,可以得到
$$I = EG = 100 \times 0.05 = 5[\text{A}]$$

專欄 1　姓名被用作單位名稱的偉人們（其1）

艾薩克・牛頓（Isaac Newton，1643～1727年：英國）
力的單位，牛頓[N]：牛頓是確立力學與微積分的物理學巨人。他提出的萬有引力定律也相當有名。

詹姆士・瓦特（James Watt，1736～1819年：英國）
電功率（電力）的單位，瓦[W]：改良蒸汽機，大幅提升其效率，對工業革命有很大的貢獻。

亞歷山卓・伏打（Alessandro Volta，1745～1827年：義大利）
電壓的單位，伏特[V]：發明了世界上第一個化學電池──伏打電池。研究電容量與電荷等主題。

安德烈－馬里・安培（André-Marie Ampère，1775～1836年：法國）
電流的單位，安培[A]：研究電流與磁場的關係、作用在電流上的力，提出電流是由名為電荷的微小粒子所產生。

蓋歐格・歐姆（Georg Ohm，1789～1854年：德國）
電阻的單位，歐姆[Ω]：再次發現歐姆定律（卡文迪許發現了這個定律，卻沒有公開發表。後來歐姆獨立發現了這個定律並公開發表）。

詹姆斯・普雷斯科特・焦耳（James Prescott Joule，1818～1889年：英國）
功的單位，焦耳[J]：研究電與熱的能量，發現能量守恆定律。

電與功　　　　　　　　　　　電功率　瓦　電能　焦耳

消耗電力時產生的力與功 ―― 電功率與電能

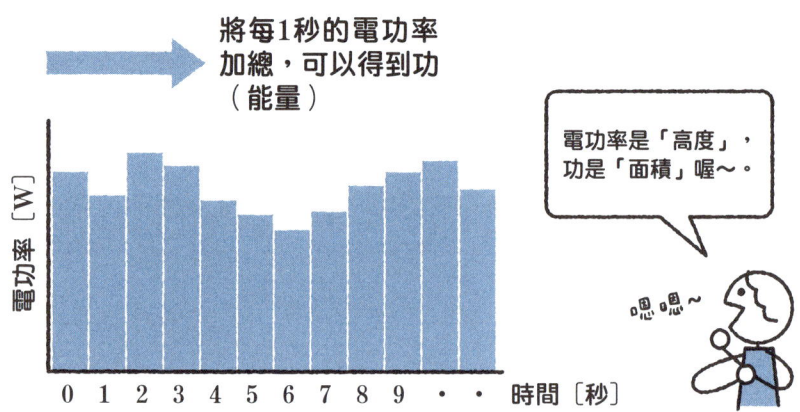

將每1秒的電功率加總，可以得到功（能量）

電功率是「高度」，功是「面積」喔～。

電功率＝**電壓**×**電流**。電功率可以簡稱為**功率**，也叫做電力，單位為**瓦[W]**。功率為1秒內作的功，因此**功**＝**功率×時間**[秒]。功的單位為**焦耳[J]**。比起「功」，我們對「能量」這個詞應該比較熟悉。

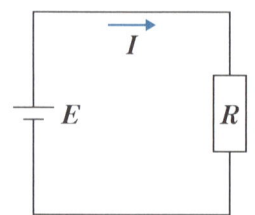

電阻 R 消耗的電功率 P 為

$$P = EI = \frac{E^2}{R} = I^2R$$

由歐姆定律 $E = IR$

在電功率（電力）為1[W]的電路中，電流每流過1秒就會消耗1[J]的電功率。要讓1[g]的水上升1[℃]，需要的熱能（功）約為4.2[J]，如果消耗的電力完全轉換成熱，那麼每當這個電路的電流接通4.2秒，便可讓1[g]的水上升約1[℃]。

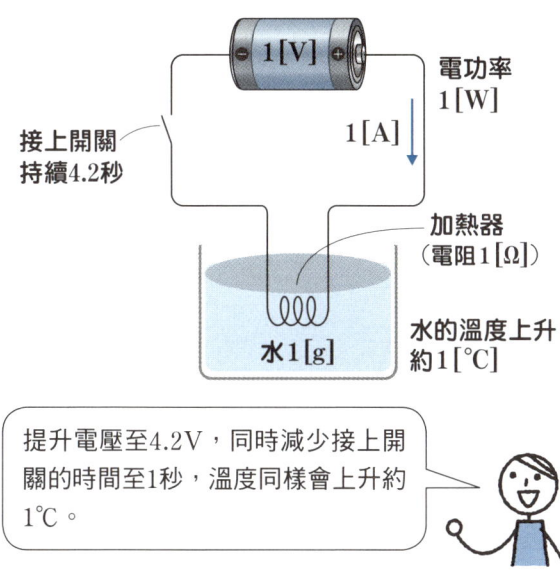

提升電壓至4.2V，同時減少接上開關的時間至1秒，溫度同樣會上升約1℃。

在電學世界中，功（或是能量）也叫做**電能**。電能與功的意義相同，單位都是焦耳[J]。不過，我們比較常使用瓦特小時[Wh]作為單位，意為1[W]的電功率持續通電1小時所消耗的電能。1[Wh]＝3,600[J]。

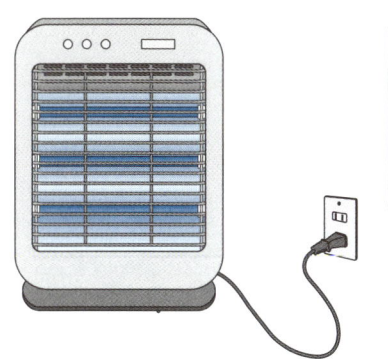

1kW（1,000W）的暖爐使用1小時所消耗的電能為1kWh（千瓦小時、度）。若改成用3,600kJ來表示，應該比較好理解吧。電費一般也會用每kWh多少錢來表示～。

電的樣貌

直流電　交流電　正弦波

一直是單行道？
交互輪流通行？
── 直流電與交流電

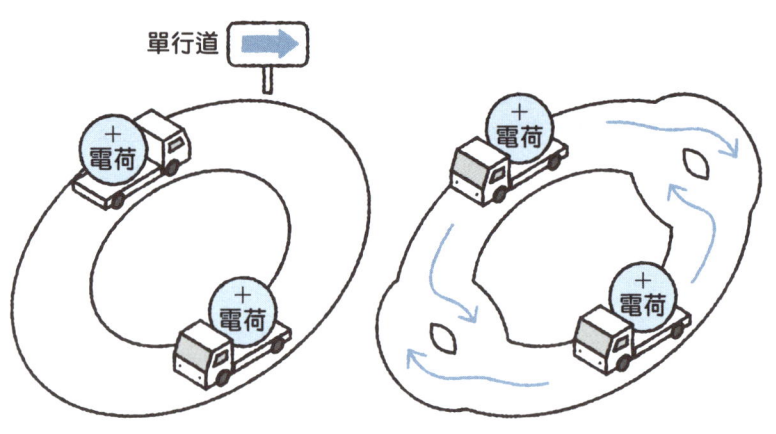

電可分為**直流電**與**交流電**。直流電的電壓極性（正負向）保持一定，電流也朝著一定方向流動。另一方面，交流電的電壓極性會一直改變，電流的方向也會跟著改變。

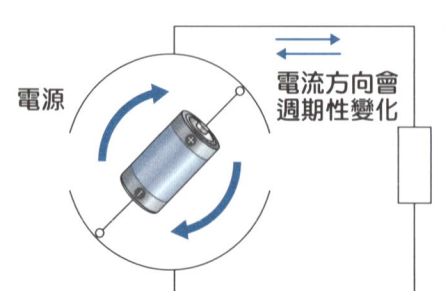

實際上交流電會因為發電機的轉動而切換電壓極性，所以這張交流電的示意圖描述得相當貼切喔！

順帶一提,就算電壓時常改變,只要極性沒有改變,就會視為直流電。

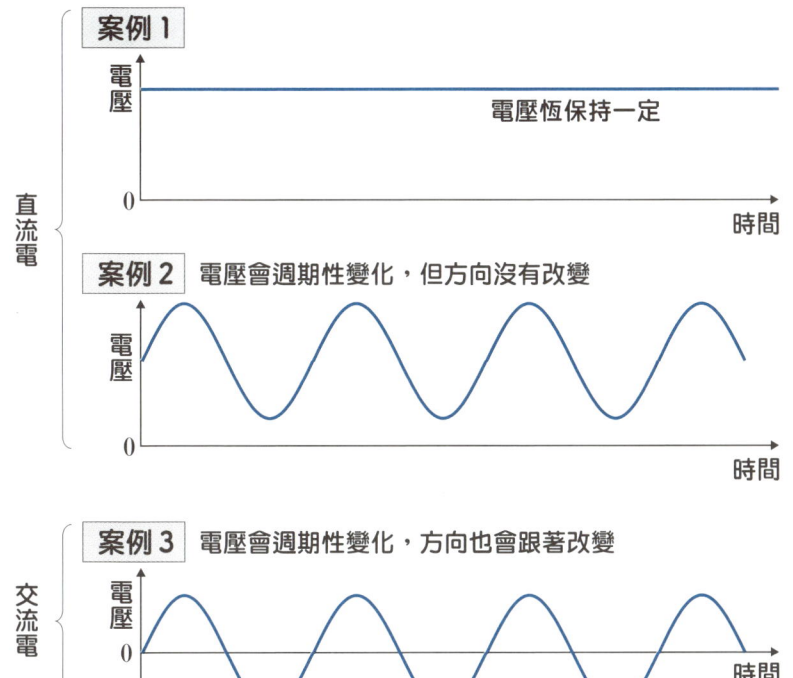

雖然案例2在分類上屬於直流電,但因為電壓與電流會週期性變化,所以也有交流電的性質。⑦會提到法拉第定律,適用於電流有「變化」的情況,因此案例2與案例3皆適用。

本書提到直流電時,指的主要是電壓與電流保持固定值的案例1;提到交流電時,主要指的是電壓與電流波形為**正弦波**（參照 ⑭）的案例3。

電與磁　　　　　磁場　磁通量　感應電動勢

如親子或兄弟般
親密的關係
——電與磁

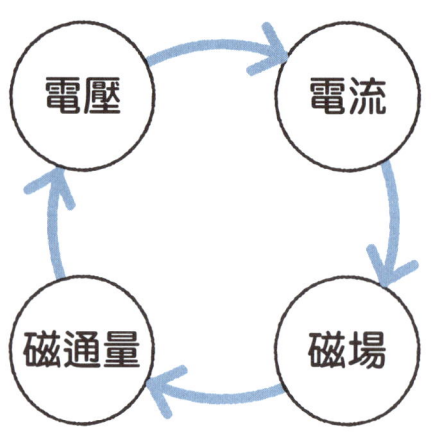

電可產生磁,磁可產生電,這種電與磁的關係,可以用「電磁學」這個美妙的理論系統完整描述。本節會簡單說明學習電路時不可或缺的電磁學內容。

安培定律：電流 ➡ 磁場

　　導體通以電流後,周圍會產生**磁場**。磁場強度H與電流I的距離成反比,與電流I的強度成正比。這種關係稱為**安培定律**。如果將導體捲成線圈狀,線圈的圈數越多,磁場就越強。

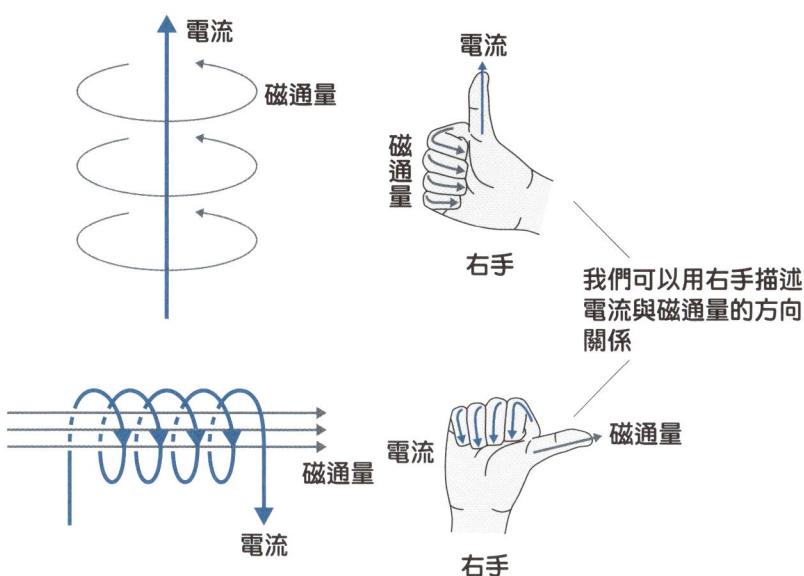

生成磁場H的時候,會產生**磁通量**(磁力線)這種磁的流動。另外,磁通量的路徑上會有阻礙磁通量流動的**磁阻**。磁通量ϕ與磁阻R_m之間,存在$F=R_m\phi$的關係(磁路的歐姆定律)。這裡的F叫做**磁動勢**,相當於驅動磁通量流動的壓力。磁動勢為磁場強度沿著磁通量路徑加總的結果,與產生磁場的電流成正比。

簡單來說,通電時會產生與電流成正比的磁場,再產生與磁場成正比的磁通量,所以通電時「**會產生與電流成正比的磁通量**」。

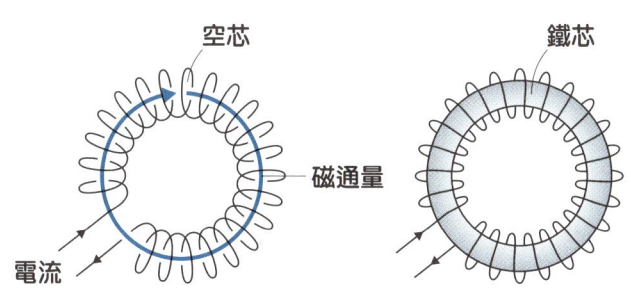

鐵的磁阻為空氣的1/10,000左右,
因此放入鐵芯後,磁通量ϕ會增為10,000倍

法拉第定律：磁通量的變化 ➡ 電壓

若磁通量（磁場）的方向與導體正交（垂直），當**磁通量改變**時，導體內就會產生對應的**感應電動勢**（電壓）。這種關係就叫做**法拉第定律**。

簡單來說，「**磁通量的變化與所產生的電壓成正比**」。

這個電壓會產生電流，由安培定律可以知道，電流會產生新的磁場，不過新的磁場會與原本的磁場相反，抵銷部分原本的磁場。

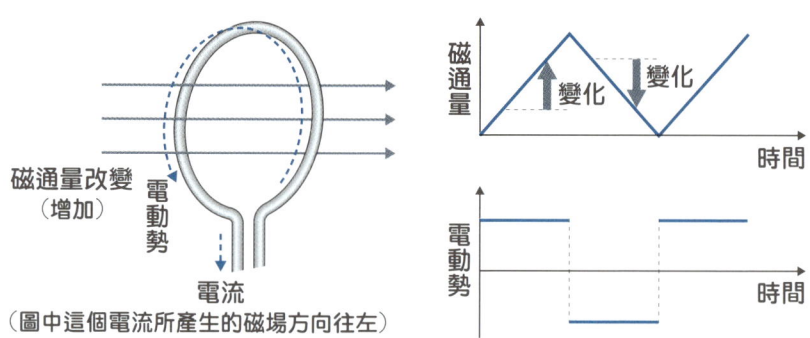

所謂「與導體正交的磁場改變」指的不一定是磁場本身強度的改變，若導體移動時會橫切過磁場（磁力線），也屬於前述「磁場改變」的一種情況。發電機就是運用這個定律來產生電壓。

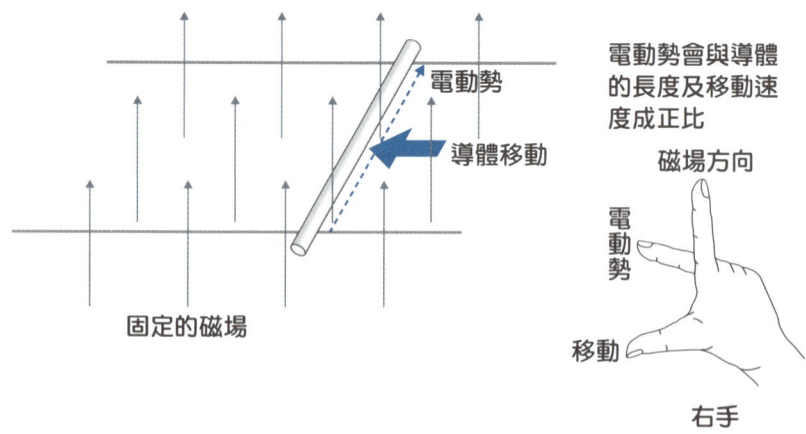

電磁力：作用於導體的力

當磁場的方向與導體垂直，且導體上有電流時，導體會受到力的作用。實際上受力的是導體內移動的電荷，也就是電子，這種力叫做勞侖茲力。馬達就是靠著這種力來旋轉的。

簡單來說，「**磁場強度及電流強度與所產生的力成正比**」。

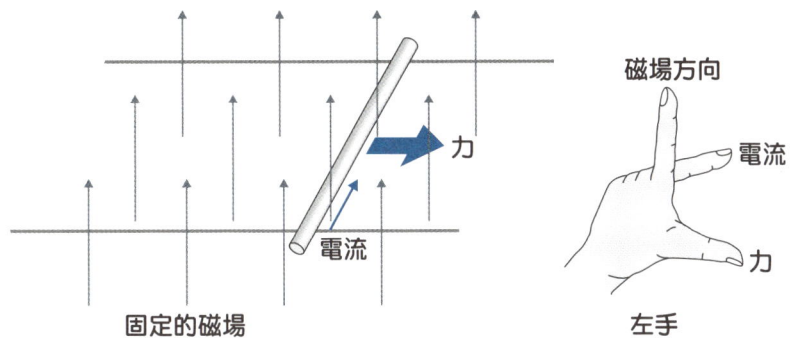

要完全理解磁場與磁通量，並不是一件簡單的事。為了理解電路特性，請記得以下3個簡單的規則：
- 電流所產生的磁通量與電流強度成正比
- 磁場所產生的電壓與磁通量的改變量成正比
- 導體所受的力與磁場強度及電流強度成正比

發電機（參照 47）與馬達（參照 48）皆是以磁為媒介，使電力與動力互相轉換，轉換過程中幾乎沒有能量逸失為其一大特徵。這個特徵也是電力被廣為利用的原因之一。

Chapter 2 直流電路的分析

本章提到的直流電,為電壓與電流保持固定的電。這種靜靜流動的電,很適合用來理解各種電流分析方式的特徵。Chapter 2 會以電流的分析為核心,說明相關知識。

電的流動方式　　　　　　　　　　　　串聯 / 並聯 / 電導

8 會增加還是減少？—— 串聯與並聯

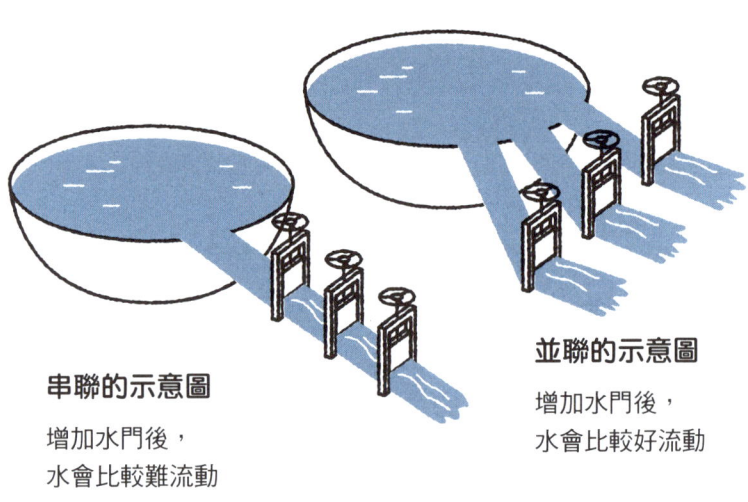

串聯的示意圖
增加水門後，
水會比較難流動

並聯的示意圖
增加水門後，
水會比較好流動

壓可以想像成因水的落差而產生的水壓，電流可以想像成水流量，電阻則可以想像成限制水量用的水門。電阻的**串聯**與**並聯**，也可以直接套用上述比喻。

電阻的串聯

串聯電阻之後，電流的流動難度會上升。也就是說，將電阻值分別為 $R_1[\Omega]$、$R_2[\Omega]$、$R_3[\Omega]$ 的3個電阻串聯之後，會與1個 $R_1+R_2+R_3[\Omega]$ 的電阻等價。

串聯

$R_1[\Omega]$　$R_2[\Omega]$　$R_3[\Omega]$　等價　$R = R_1 + R_2 + R_3 [\Omega]$

設 $R_1 = 6[\Omega]$、$R_2 = 3[\Omega]$、$R_3 = 2[\Omega]$　　$R = 6 + 3 + 2 = 11[\Omega]$

電阻的並聯

若是並聯設置水門，放水時水流量會增加。同樣的，設置並聯電阻時，電流會比較容易通過。也就是說，**並聯電路**的電阻值會比較**小**。

這裡經常會用到表示電流通過容易度的**電導**（ 參照 ④ ）。並聯時，電阻的電導值為各電阻的電導加總。而這個加總後的電導值的倒數，就是並聯時的電阻值。

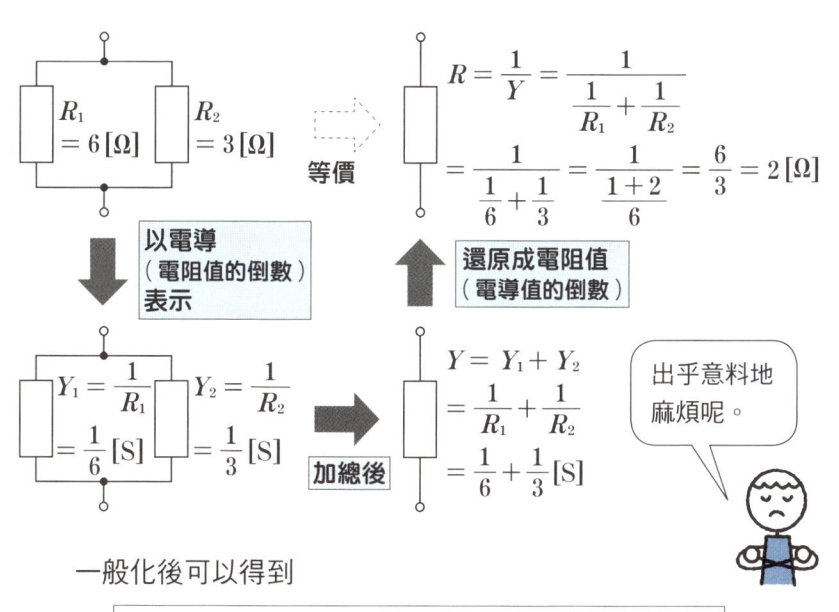

$R_1 = 6[\Omega]$　$R_2 = 3[\Omega]$　等價

$$R = \frac{1}{Y} = \frac{1}{\dfrac{1}{R_1} + \dfrac{1}{R_2}} = \frac{1}{\dfrac{1}{6} + \dfrac{1}{3}} = \frac{1}{\dfrac{1+2}{6}} = \frac{6}{3} = 2[\Omega]$$

以電導（電阻值的倒數）表示　　還原成電阻值（電導值的倒數）

$Y_1 = \dfrac{1}{R_1} = \dfrac{1}{6}[\mathrm{S}]$　$Y_2 = \dfrac{1}{R_2} = \dfrac{1}{3}[\mathrm{S}]$　加總後

$$Y = Y_1 + Y_2 = \dfrac{1}{R_1} + \dfrac{1}{R_2} = \dfrac{1}{6} + \dfrac{1}{3}[\mathrm{S}]$$

出乎意料地麻煩呢。

一般化後可以得到

當 $R_1[\Omega]$、$R_2[\Omega]$、$R_3[\Omega]$、$R_4[\Omega]$……並聯時，

$$R = \frac{1}{\dfrac{1}{R_1} + \dfrac{1}{R_2} + \dfrac{1}{R_3} + \dfrac{1}{R_4} + \cdots}[\Omega]$$

直流電路的分析

電路的構成要素　　　　　　　　　電壓源　電流源　內部電阻

9 驅動電路的動力來源——電壓源與電流源

電壓源的示意圖　　　　電流源的示意圖

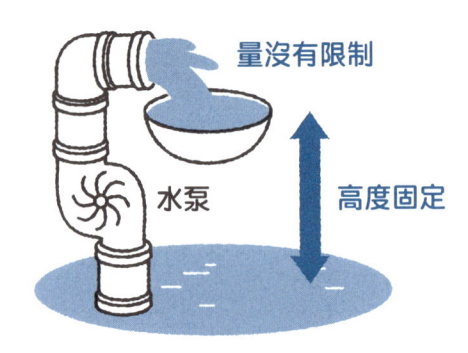

量沒有限制
水泵
高度固定

量為固定，高度無限制
哦～真高啊～

　　電路上需要**電源**，才能產生電流。電路中的電源就像是水道中將水往上抽，產生壓力的「水泵」。而電源包括**電壓源**與**電流源**。

電壓源

　　電壓源可以想像成上抽的高度固定，卻能抽取無限多水量的抽水泵。理想電壓源有以下特徵：
　　（1）可產生無限大的電流
　　（2）即使電流出現變化，電壓也不會改變（內部電阻為零）

實際的電壓源會隨著電流改變電壓，因此可在電路圖上表示為理想電壓源**串聯一個內部電阻**。

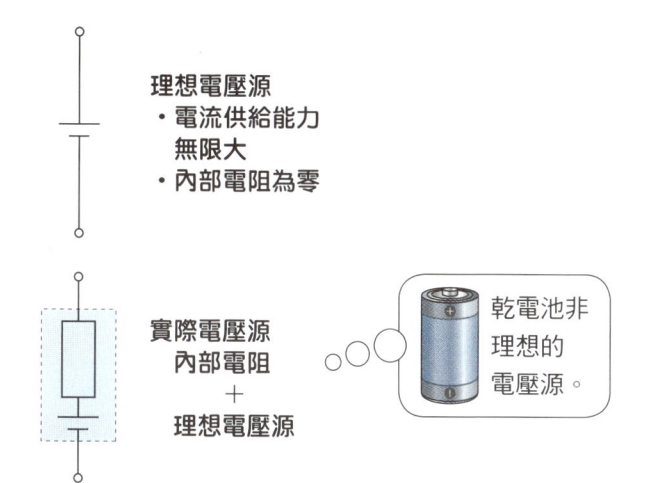

理想電壓源
・電流供給能力無限大
・內部電阻為零

實際電壓源
內部電阻
＋
理想電壓源

乾電池非理想的電壓源。

電流源

電流源可以想像成上抽水量固定，卻能抽到無限高的抽水泵。理想電流源有以下特徵：

（1）可產生無限大的電壓（即使電路中有電流難以通過的負載，也可以生成想要的電流大小）

（2）內部電阻無限大（即使負載有變化，生成的電流也不會改變）

實際的電流源，可在電路圖上表示為理想電流源**並聯一個內部電阻**。

理想電流源
・電壓生成能力無限大
・內部電阻無限大

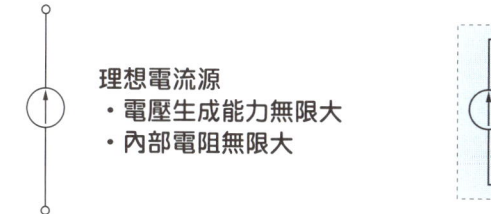

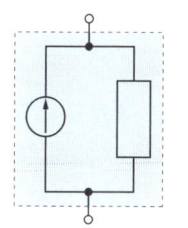

實際電流源
內部電阻
＋
理想電流源

電的流動方式　　　　　　　　克希荷夫定律　閉路方程式　電壓降

10 用這條式子解決複雜的電路——閉路方程式

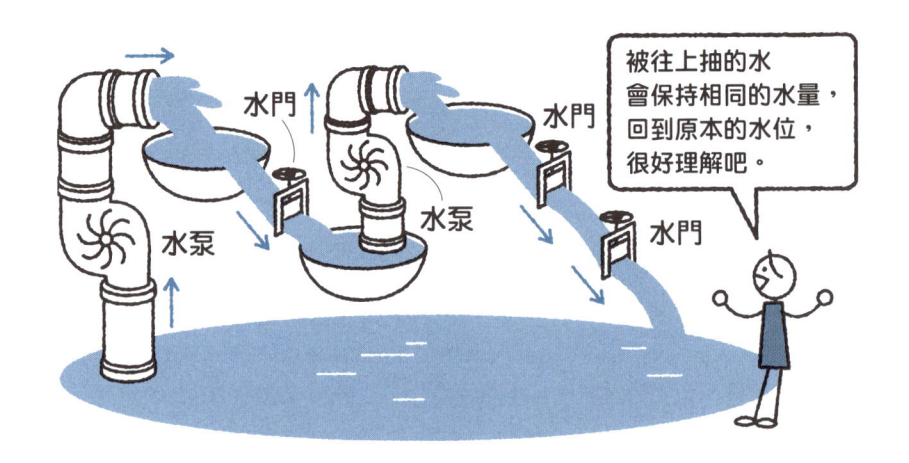

> 被往上抽的水會保持相同的水量，回到原本的水位，很好理解吧。

使用克希荷夫定律，便可有效率地分析複雜電路中的多個電阻與電源。

克希荷夫定律為**歐姆定律**（參照④）的推廣版本，可分為電流定律（第一定律）與電壓定律（第二定律）。其中，電壓定律指的是「繞著電路網中的任一閉路一圈，電動勢的總和會等於**電壓降**的總和」。

將這個電壓定律套用在實際電路中，可以得到**閉路方程式**。讓我們試著使用閉路方程式，求算次頁電路中通過電阻$R_1 \sim R_3$的電流吧。

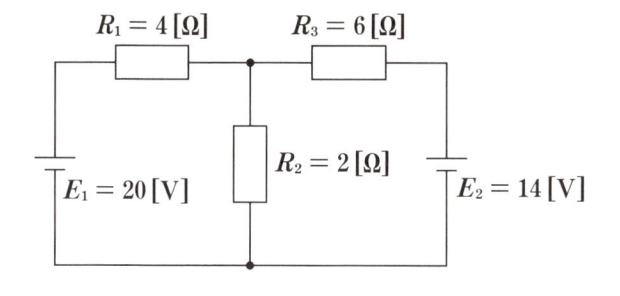

假設有這2個閉路,電流分別為i_1~i_2。

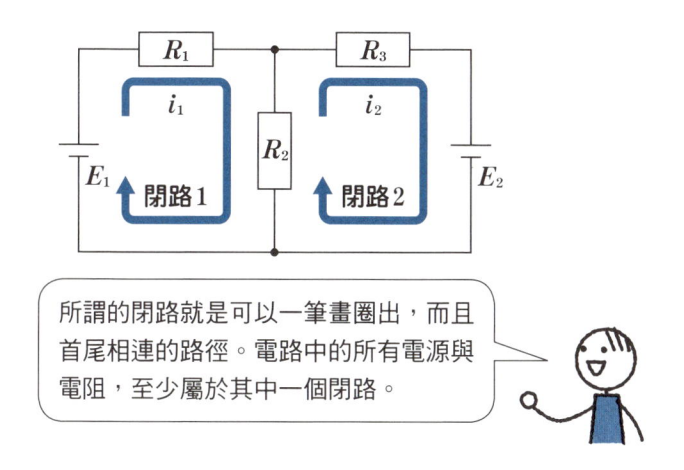

所謂的閉路就是可以一筆畫圈出,而且首尾相連的路徑。電路中的所有電源與電阻,至少屬於其中一個閉路。

將克希荷夫定律的電壓定律套用在各閉路,可得到以下結果:

(1)關於閉路1

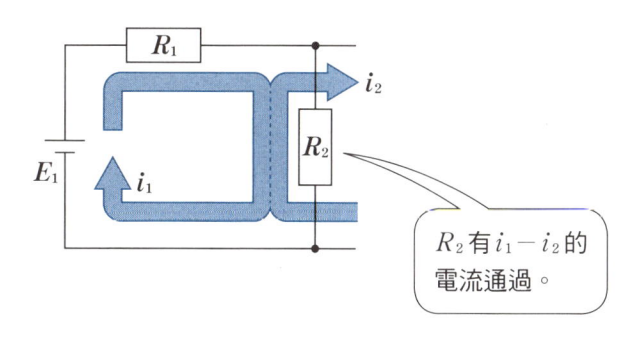

R_2有i_1-i_2的電流通過。

- 通過R_1的電流為i_1，因此R_1的電壓降為$i_1 R_1$
- 通過R_2的電流為$i_1 - i_2$，因此R_2的電壓降為$(i_1 - i_2)R_2$
  （以i_1為正向）
- 套用電壓定律，可以得到 $E_1 = \underbrace{i_1 R_1}_{R_1\text{的電壓降}} + \underbrace{(i_1 - i_2)R_2}_{R_2\text{的電壓降}}$

$$20 = 4i_1 + 2(i_1 - i_2) = 6i_1 - 2i_2$$

（2）關於閉路2

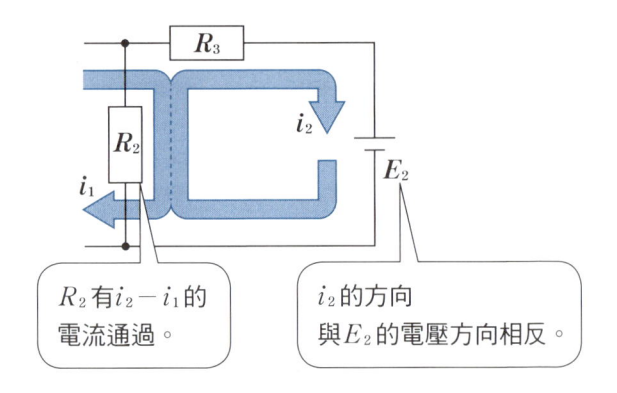

R_2有$i_2 - i_1$的電流通過。

i_2的方向與E_2的電壓方向相反。

- 通過R_3的電流為i_2，因此R_3的電壓降為$i_2 R_3$
- 通過R_2的電流為$i_2 - i_1$，因此R_2的電壓降為$(i_2 - i_1)R_2$
  （以i_2為正向）
- 套用電壓定律，可以得到 $\underbrace{-E_2}_{\substack{\text{電壓}E_2\text{的方向}\\ \text{與電流}i_2\text{的}\\ \text{方向相反}}} = \underbrace{i_2 R_3}_{\substack{R_3\text{的}\\ \text{電壓降}}} + \underbrace{(i_2 - i_1)R_2}_{R_2\text{的電壓降}}$

$$-14 = 6i_2 + 2(i_2 - i_1) = -2i_1 + 8i_2$$

整理後，可得聯立方程式如下：
由（1）可得 $6i_1 - 2i_2 = 20$
由（2）可得 $-2i_1 + 8i_2 = -14$

解聯立方程式，可得 $i_1 = 3[\text{A}]$、$i_2 = -1[\text{A}]$。

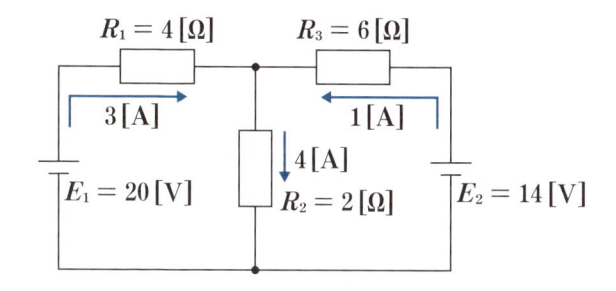

事實上，閉路的畫法不只一種。本例題中就可以畫出各種不同的閉路。當然，不管是哪一條閉路，得到的答案都相同。

參考 另一種閉路畫法（例）

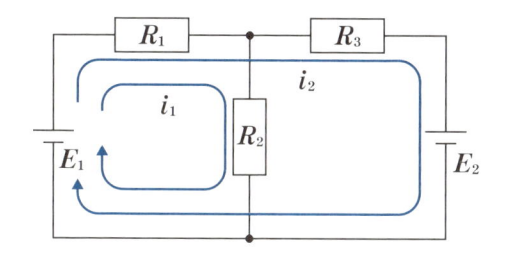

在 i_1 的路徑上，$E_1 = (i_1 + i_2)R_1 + i_1 R_2$
在 i_2 的路徑上，$E_1 = (i_1 + i_2)R_1 + i_2 R_3 + E_2$

若是電路更複雜，就需要畫出更多條閉路才行。如果有3條閉路，就需要列出三元聯立方程式；有4條閉路的話，就需要列出四元聯立方程式。電流的聯立方程式越多條，解起來越麻煩。

電的流動方式 | 克希荷夫定律 | 節點方程式 | 電流的總和

11 實用性高、適用大規模電路的方法——節點方程式

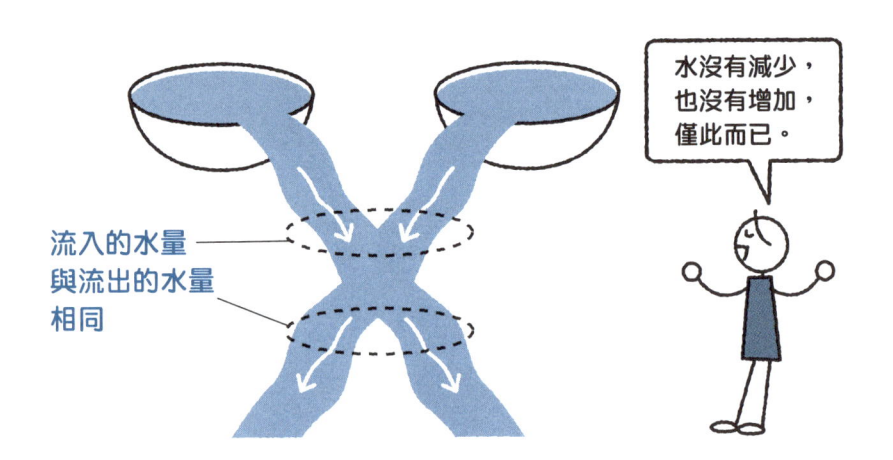

水沒有減少，也沒有增加，僅此而已。

流入的水量與流出的水量相同

克希荷夫定律的電流定律（第一定律）為「電路中的任意分岔點，流入**電流的總和**會等於流出電流的總和」。

電路分岔、電流分流的點，稱為「節點」。對於電路中的每個節點，以及節點與節點間的小電流，克希荷夫定律的電流定律都會成立。

這個節點中
$i_1 = i_2 + i_3 + i_4$

這個節點中
$i_1 + i_2 + i_3 = 0$

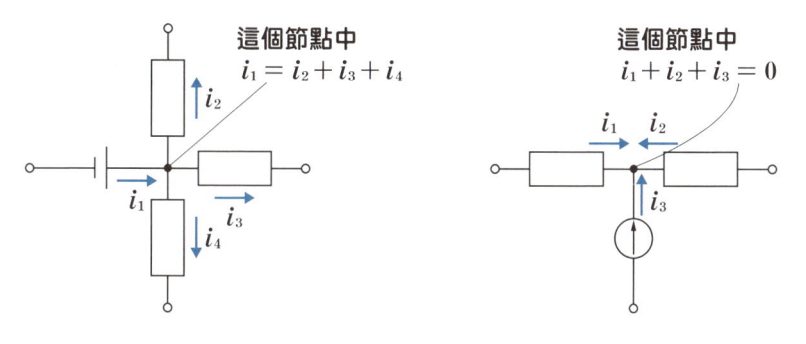

將這個原理套用在實際電路中,可以得到**節點方程式**。讓我們試著用節點方程式,求出⑩中電路的答案。

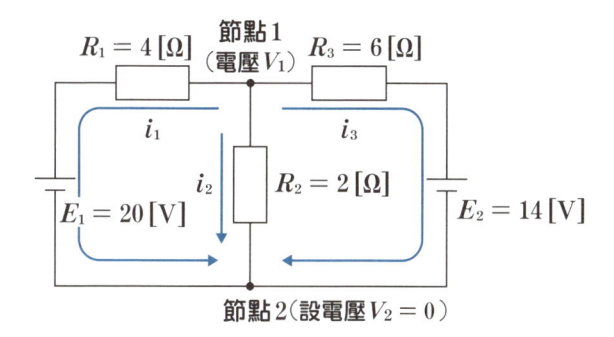

節點1(電壓V_1)
$R_1 = 4\,[\Omega]$, $R_3 = 6\,[\Omega]$, $R_2 = 2\,[\Omega]$
$E_1 = 20\,[V]$, $E_2 = 14\,[V]$
節點2(設電壓$V_2 = 0$)

這個電路有2個節點,設其電壓分別為$V_1 \sim V_2$,並假設V_2為基準電位(電位為0)。接著求算節點間的電流。計算時,用電導[S]這個用來表示電流通過容易度的概念來算會比較方便(**參照**④)。

(1)關於 i_1

$R_1 = 4\,[\Omega]$ $E_1 = 20\,[V]$
V_1 i_1 $V_2 = 0$

施加在R_1的電壓為$V_1 - E_1$,因此

$$i_1 = \frac{V_1 - E_1}{R_1} = \underbrace{Y_1}_{\text{電導}Y_1 = \frac{1}{R_1}}(V_1 - E_1)$$

$$= \frac{1}{4}(V_1 - 20)$$

（2）關於 i_2

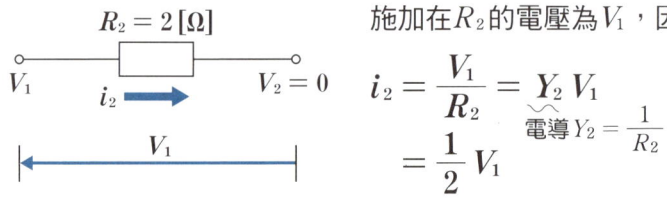

施加在 R_2 的電壓為 V_1，因此

$$i_2 = \frac{V_1}{R_2} = \underset{\text{電導}Y_2 = \frac{1}{R_2}}{Y_2\, V_1}$$

$$= \frac{1}{2} V_1$$

（3）關於 i_3

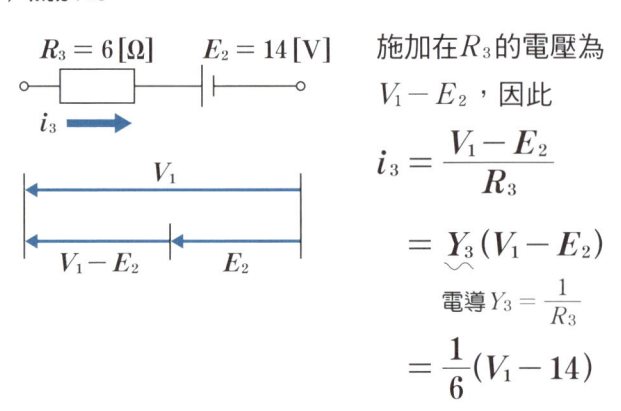

施加在 R_3 的電壓為 $V_1 - E_2$，因此

$$i_3 = \frac{V_1 - E_2}{R_3}$$

$$= \underset{\text{電導}Y_3 = \frac{1}{R_3}}{Y_3 (V_1 - E_2)}$$

$$= \frac{1}{6}(V_1 - 14)$$

將克希荷夫定律的電流定律套用在節點1上，由於 $i_1 + i_2 + i_3 = 0$，由（1）、（2）、（3）可以知道

$$\underset{i_1}{\underbrace{Y_1(V_1 - E_1)}} + \underset{i_2}{\underbrace{Y_2\, V_1}} + \underset{i_3}{\underbrace{Y_3(V_1 - E_2)}} = 0$$

$$\frac{1}{4}(V_1 - 20) + \frac{1}{2} V_1 + \frac{1}{6}(V_1 - 14) = 0$$

因此可求得 $V_1 = 8 [\mathrm{V}]$。

$$i_1 = \frac{1}{4}(8 - 20) = -3 [\mathrm{A}]、$$

$$i_2 = \frac{1}{2} 8 = 4 [\mathrm{A}]、$$

$$i_3 = \frac{1}{6}(8 - 14) = -1 [\mathrm{A}]$$

參考 多個節點時的解法（例）

節點間的電流如下：

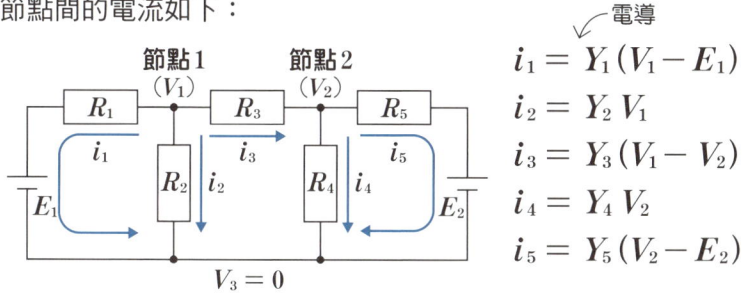

節點1 (V_1)　節點2 (V_2)

電導

$i_1 = Y_1(V_1 - E_1)$
$i_2 = Y_2 V_1$
$i_3 = Y_3(V_1 - V_2)$
$i_4 = Y_4 V_2$
$i_5 = Y_5(V_2 - E_2)$

$V_3 = 0$

- 將克希荷夫定律的電流定律套用在節點1上，可以得到
$i_1 + i_2 + i_3 = 0$
- 套用在節點2上，可以得到 $i_3 = i_4 + i_5$
由這2個關係列出聯立方程式，便可求出V_1與V_2。

閉路方程式與節點方程式皆可得到相同答案，不過大部分的人應該會覺得閉路方程式看起來比較好用吧。然而，當閉路或節點有幾百個或幾千個的時候，又是如何呢？

使用閉路方程式時，有很多種閉路的選擇方式。在大規模電路中，閉路的組合相當多，設定也非常困難。另一方面，如果使用的是節點方程式，我們可以為每個節點設定編號，標示出相鄰節點間的電流，機械性地列出方程式。利用電腦來分析時，節點方程式遠比閉路方程式好用，也比較常使用。

該怎麼設定閉路才好呢～。

電的流動方式　　　　　　　　　　　　　　　電壓源／電流源

12 分析電路的技巧（其1）——電壓源與電流源的轉換

實際的電壓源為理想電壓源串聯一個內部電阻，實際的電流源為理想電流源並聯一個內部電阻（參照⑨）事實上，**電壓源**與**電流源**有完全**互換性**。也就是說，電壓源換成電流源或是電流源換成電壓源，電路的電壓或電流也不會有變化。

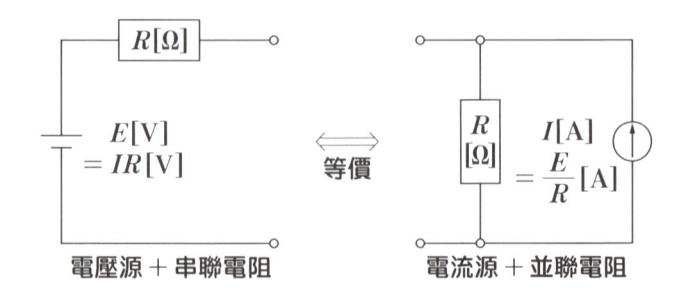

電壓源＋串聯電阻　　$E[V] = IR[V]$　　⟺ 等價 ⟺　　電流源＋並聯電阻　　$R[\Omega]$，$I[A] = \dfrac{E}{R}[A]$

以下2個電路中,即使改變外部連接的電阻值,兩電路的電壓與電流仍然相同,即兩者為等價電路。

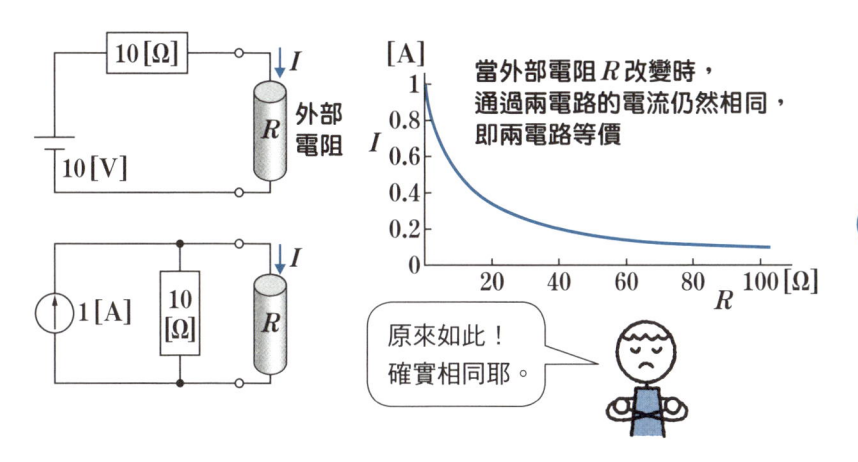

當外部電阻 R 改變時,
通過兩電路的電流仍然相同,
即兩電路等價

原來如此!
確實相同耶。

戴維寧定理

若善用電壓源與電流源的轉換,有時候可以用簡單的心算解開複雜電路的問題。若有多個電源**串聯**相接,可將其整合、**轉換成單一電壓源**。

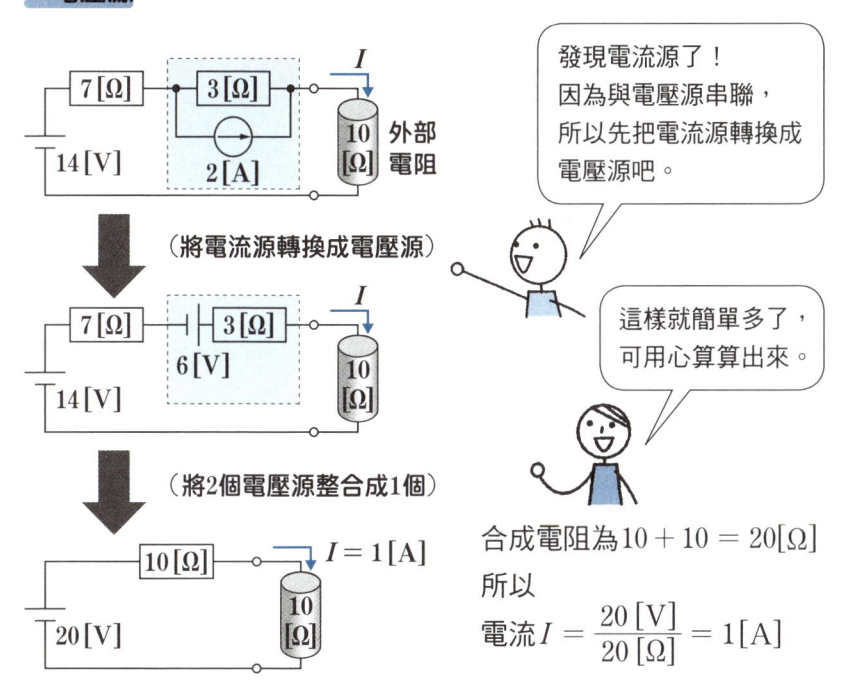

發現電流源了!
因為與電壓源串聯,
所以先把電流源轉換成
電壓源吧。

(將電流源轉換成電壓源)

這樣就簡單多了,
可用心算算出來。

(將2個電壓源整合成1個)

合成電阻為 $10 + 10 = 20[\Omega]$
所以
電流 $I = \dfrac{20\,[V]}{20\,[\Omega]} = 1[A]$

如前所述，將複雜的電路整合成單一電壓源，計算外部電阻的電壓、電流，這種方法叫做**戴維寧定理**。

諾頓定理

多個電源**並聯**相接時，可以整合、**轉換成單一電流源**。

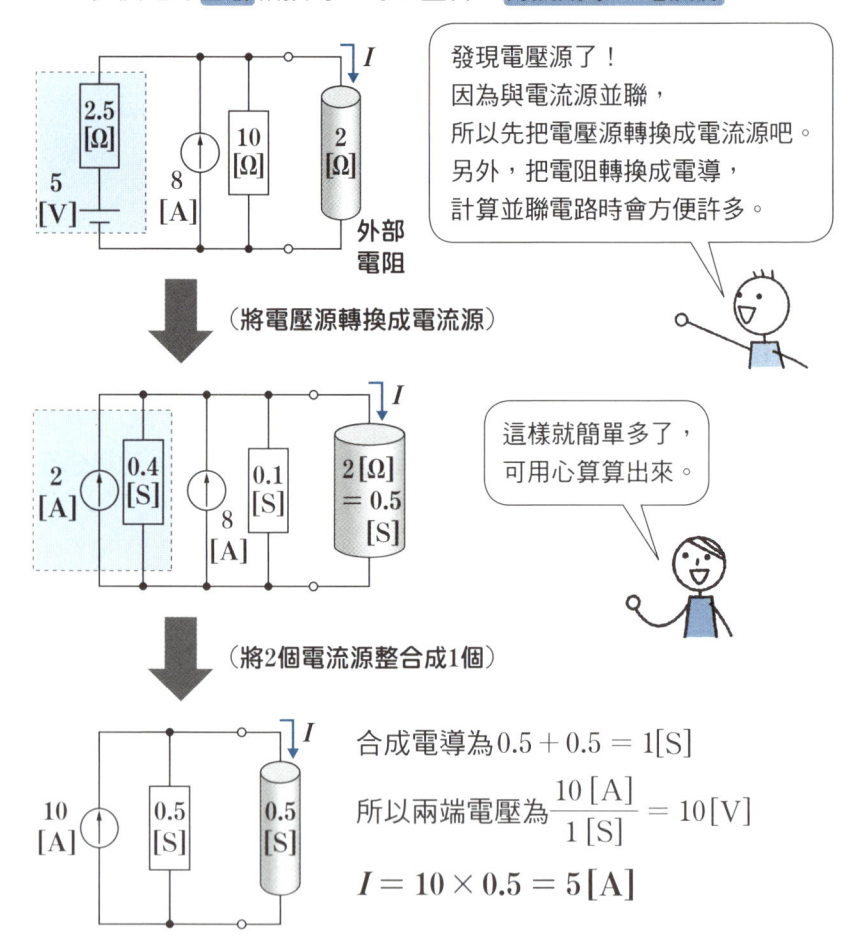

發現電壓源了！
因為與電流源並聯，
所以先把電壓源轉換成電流源吧。
另外，把電阻轉換成電導，
計算並聯電路時會方便許多。

（將電壓源轉換成電流源）

這樣就簡單多了，
可用心算算出來。

（將2個電流源整合成1個）

合成電導為 $0.5 + 0.5 = 1[S]$

所以兩端電壓為 $\dfrac{10\,[A]}{1\,[S]} = 10[V]$

$I = 10 \times 0.5 = 5\,[A]$

如前所述，將複雜的電路整合成單一電流源，計算外部電阻的電壓、電流，這種方法叫做**諾頓定理**。

參考

讓我們試著用戴維寧定理與諾頓定理,測定、分析內部未知,宛如黑盒子般的電路吧。

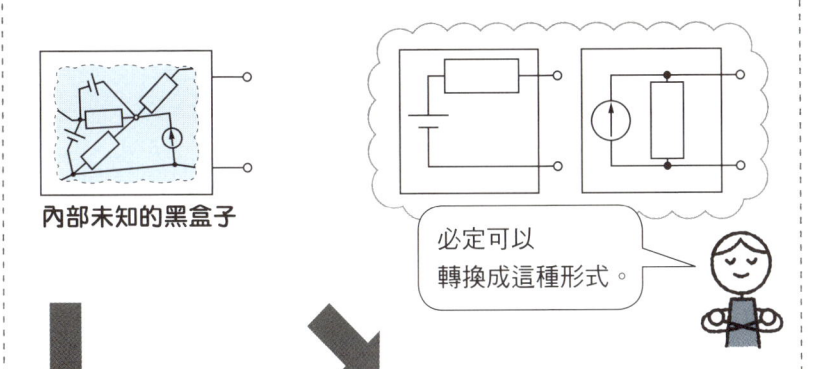

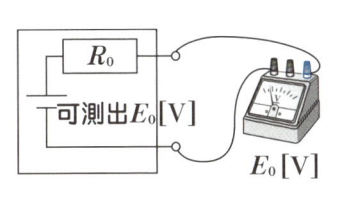

內部未知的黑盒子

必定可以轉換成這種形式。

外部僅接上伏特計,測得電壓為 $E_0[\text{V}]$

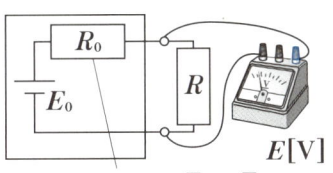

可計算出其為 $\dfrac{E_0 - E}{E} R [\Omega]$

再接上外部電阻 $R[\Omega]$,測得電壓為 $E[\text{V}]$

因為 $E = E_0 \dfrac{R}{R_0 + R}$

所以 $R_0 = \dfrac{E_0 - E}{E} R [\Omega]$

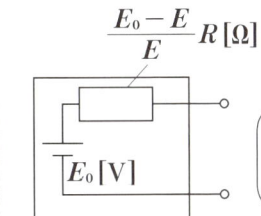

分析出內部狀況了!

電的流動方式　　　　　　　　　　　電壓源　開路　電流源　短路

13 分析電路的技巧（其2）
——重疊定理

重疊定理指的是「在擁有多個電源的電路中，任意點的電流或電壓，會等於個別電源單獨存在時的數值總和」。

使用重疊定理時，可以依序保留電路中的某個電源，並移除其他電源。**移除電壓源**時必須使其**短路**，**移除電流源**時必須使其**開路**（**斷路**）。

保留電壓源或是電流源，分別計算次頁電路中，通過電阻R的電流I。假設電流源開路後，電壓源產生的電流為i_1；電壓源短路後，電流源產生的電流為i_2，則I為$i_1 + i_2$。

電流源開路

$$i_1 = \frac{20\,[\text{V}]}{10+4+6\,[\Omega]} = 1\,[\text{A}]$$

電壓源短路

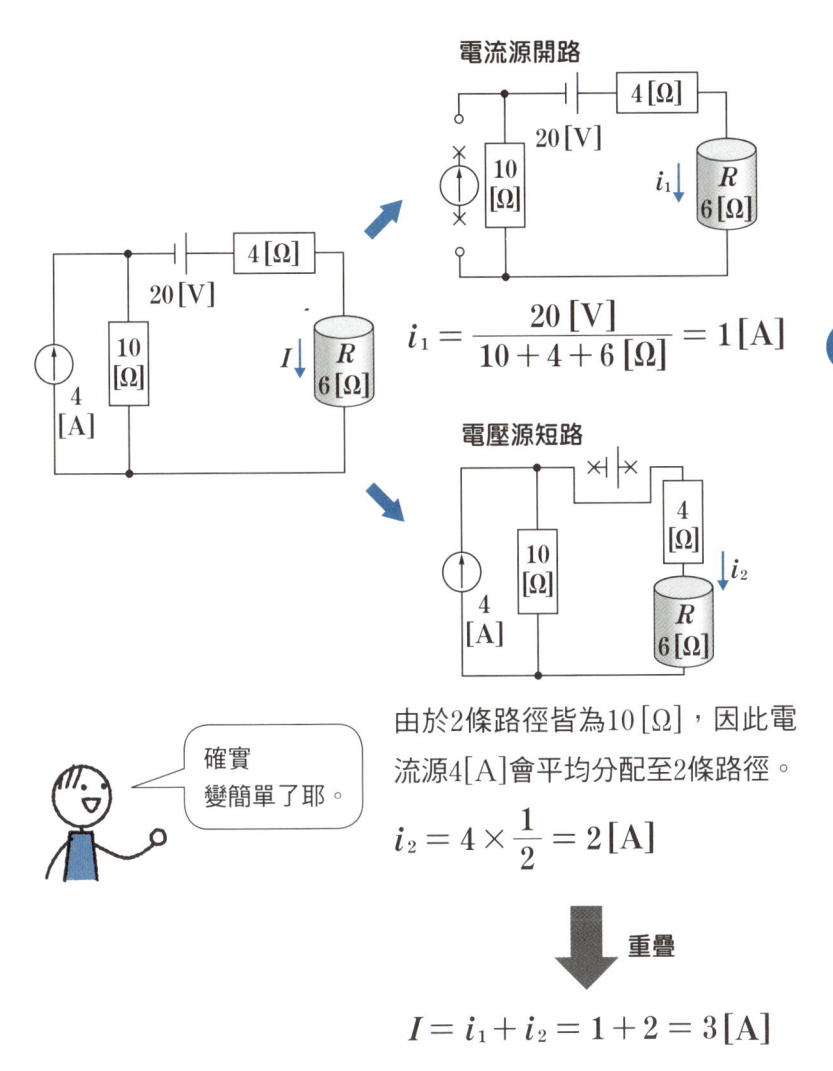

由於2條路徑皆為10 [Ω]，因此電流源4 [A]會平均分配至2條路徑。

$$i_2 = 4 \times \frac{1}{2} = 2\,[\text{A}]$$

> 確實變簡單了耶。

重疊

$$I = i_1 + i_2 = 1 + 2 = 3\,[\text{A}]$$

　　閉路方程式與節點方程式確實可以分析大規模且複雜的電路，但是需要解多元聯立方程式。另一方面，如果是規模相對較小的電路，有時候只要善用戴維寧定理、諾頓定理、重疊定理進行分析，不需要解聯立方程式就能求出答案了。

Chapter 3

交流電路的分析

依固定週期改變電壓與電流的交流電,會產生直流電所沒有的現象,所以在使用Chapter 2所學到的方法時,需要稍加修正。在Chapter 3中,我們就會學到如何修正Chapter 2所學到的方法,以應用在交流電上。本章會出現向量、虛數等數學工具,如果各位覺得閱讀上有困難的話,可以直接跳到Chapter 5以後的章節。

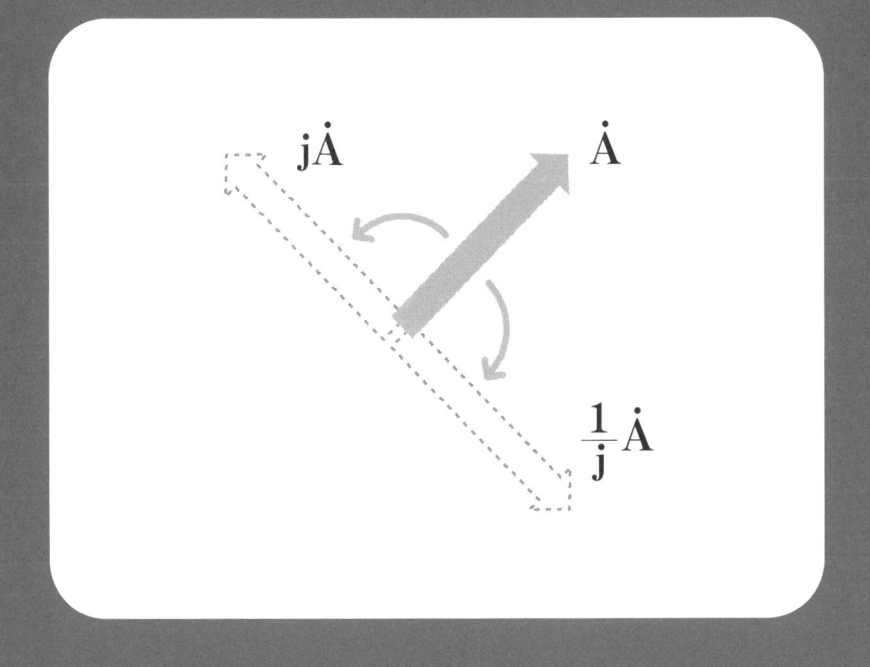

電的樣貌　　　　　　　　　正弦波　角速度　頻率

14 商用電源的波形長這樣
—— 正弦波交流電

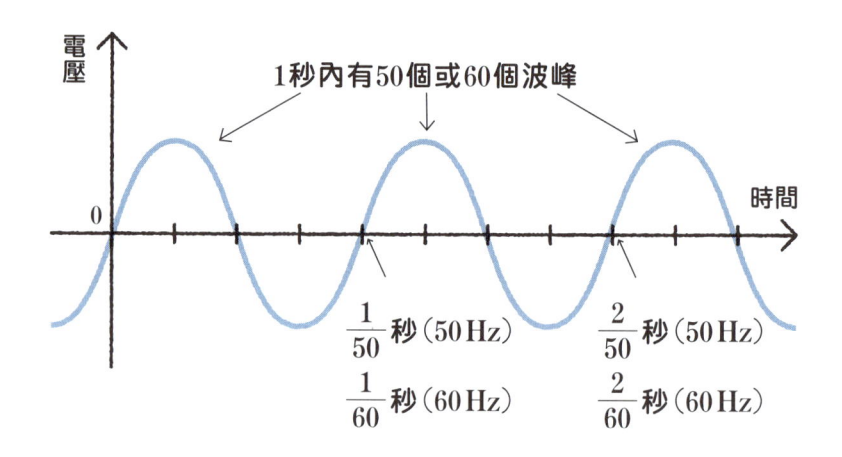

電壓

1秒內有50個或60個波峰

時間

$\frac{1}{50}$ 秒（50 Hz）　　$\frac{2}{50}$ 秒（50 Hz）

$\frac{1}{60}$ 秒（60 Hz）　　$\frac{2}{60}$ 秒（60 Hz）

從發電廠到家庭插座的商用電源為交流電，波形為**正弦波**，是由交流發電機產生的電。

交流發電機會使線圈橫切過強度固定的磁場，產生感應電動勢（參照⑦），藉此發電。並使線圈以固定的角速度旋轉，而1秒內轉的圈數就是頻率（單位為赫茲[Hz]）。

當線圈在固定磁場內旋轉時，在線圈的旋轉運動中，橫切過磁場（與磁場垂直）的分量會產生電動勢。垂直分量的大小與線圈及磁場之夾角 θ 的三角函數 $\sin\theta$ 成正比，因此電動勢為正弦波。

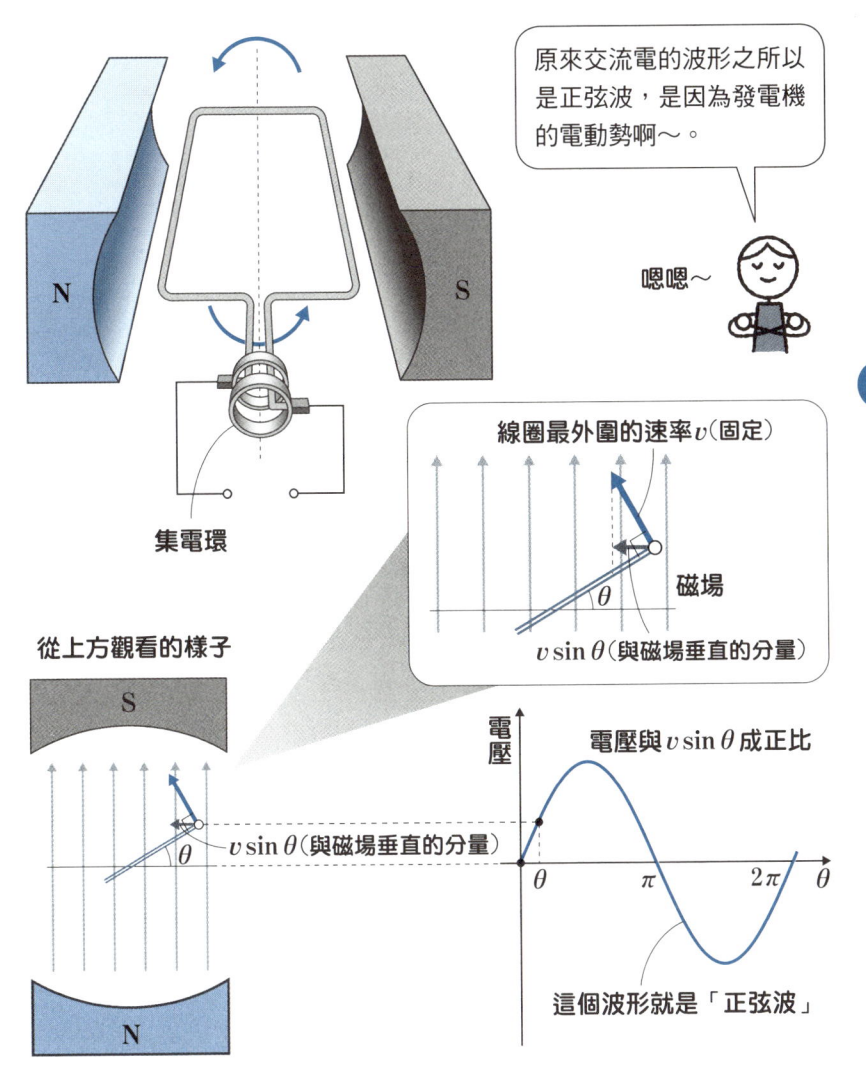

原來交流電的波形之所以是正弦波,是因為發電機的電動勢啊～。

嗯嗯～

3 交流電路的分析

集電環

線圈最外圍的速率 v(固定)

磁場

$v \sin \theta$(與磁場垂直的分量)

從上方觀看的樣子

$v \sin \theta$(與磁場垂直的分量)

電壓

電壓與 $v \sin \theta$ 成正比

θ　π　2π　θ

這個波形就是「正弦波」

　　東日本的商用電源為50[Hz],西日本則是60[Hz],分別是1秒內正負電壓切換50次與60次。換句話說,線圈轉速為每秒50轉或60轉。每轉一圈的角度為 2π [rad],1秒內旋轉的角度稱為**角速度** ω(omega)$= 2\pi f$ [rad/s](這裡的 f 叫做**頻率[Hz]**)。也就是說,東日本的 $\omega = 2 \times 50\pi = 314$ [rad/s],西日本則是 $\omega = 2 \times 60\pi = 377$ [rad/s]。角速度與頻率的關係 $\underline{\omega = 2\pi f}$ 相當重要。

專欄 2　三角函數

設有一個點在單位圓上進行圓周運動,則位置的橫軸部分為 $\cos\theta$,縱軸部分為 $\sin\theta$。

直角三角形中

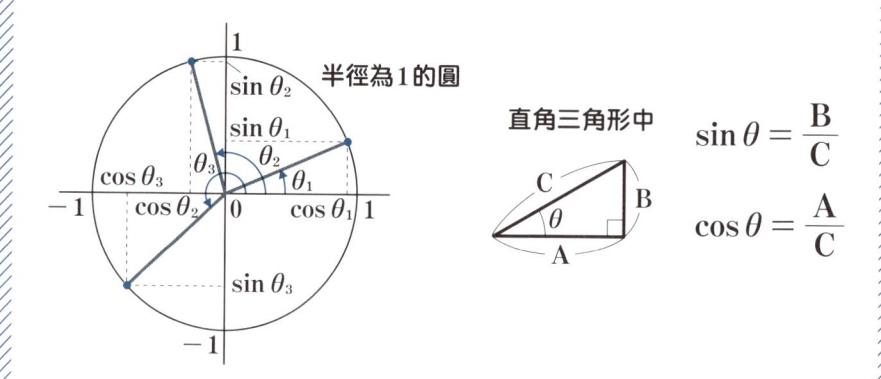

$$\sin\theta = \frac{B}{C}$$

$$\cos\theta = \frac{A}{C}$$

1秒內旋轉的角度稱為「角速度」,角度 $\theta[\text{rad}]$ 為角速度 $\omega[\text{rad/s}] \times$ 時間 $t[\text{s}]$。

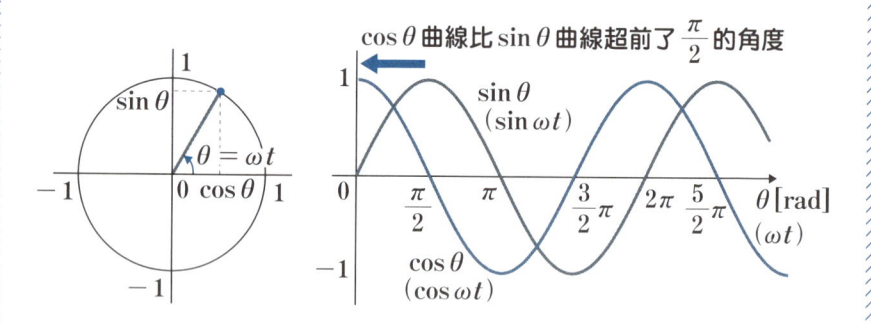

$\cos\theta$ 曲線比 $\sin\theta$ 曲線超前了 $\frac{\pi}{2}$ 的角度

$\cos\omega t$ 比 $\sin\omega t$ 超前了 $\frac{\pi}{2}[\text{rad}]$ 的角度。在電學世界中,這個角度稱為「相位」。

$$\cos\omega t = \sin\left(\omega t + \frac{\pi}{2}\right)、\sin\omega t = \cos\left(\omega t - \frac{\pi}{2}\right)$$

相位超前了 $\frac{\pi}{2}$　　　　　相位滯後了 $\frac{\pi}{2}$

15 交流電波形的表示方式 —— 瞬間值與有效值

交流電的特徵 / 瞬間值 / 有效值

圖說：
- 最大值
- 有效值
- 平均值（僅計入正向部分）
- 最大值的 $\frac{1}{\sqrt{2}}$ 倍 $= 0.71$ 倍
- 最大值的 $\frac{2}{\pi}$ 倍 $= 0.64$ 倍
- 瞬間值（特定時間點的數值）
- 橫軸標示 $\frac{\pi}{2}$、π

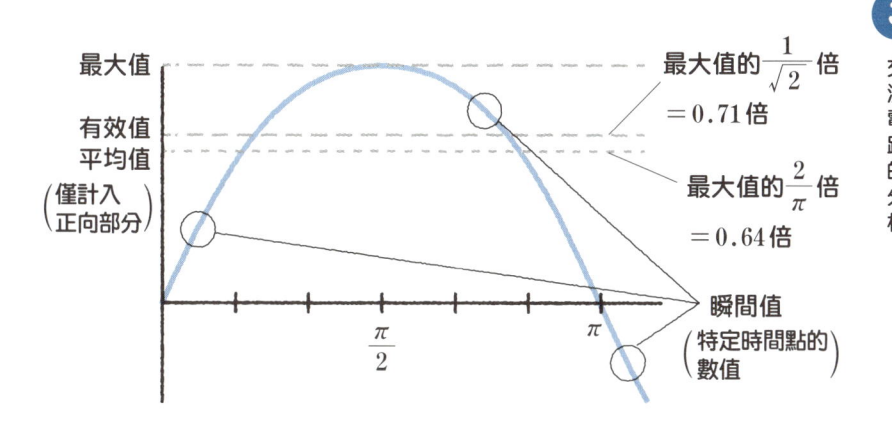

即使是正向與負向不斷交替改變的交流電路，在每個瞬間仍會遵守歐姆定律（參照④）與克希荷夫定律（參照⑩）。最大值 V_0 的正弦波交流電，在某個時間點 t 的電壓 v 為

$$v = V_0 \sin \omega t$$

當這個電壓與電阻 R 相連時，由於歐姆定律成立，因此通過的電流 i 為

$$i = \frac{v}{R} = \frac{V_0}{R} \sin \omega t$$

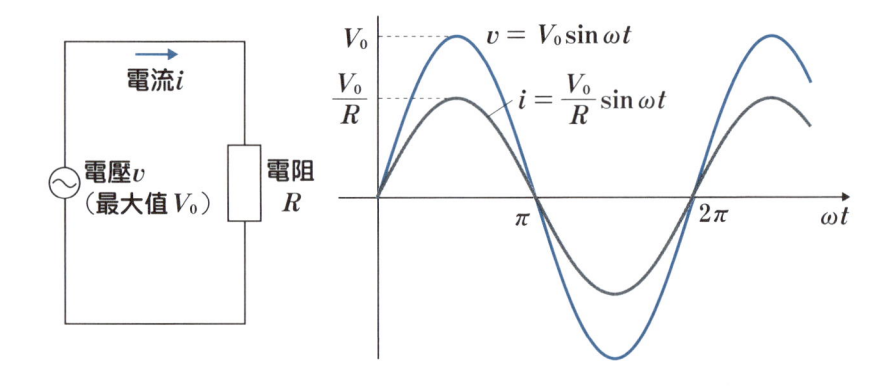

電阻消耗的電力 p 也可以用計算直流電電力的方式求算。

$$p = vi = (V_0 \sin \omega t)\left(\frac{V_0}{R} \sin \omega t\right) = \frac{V_0}{R} \sin^2 \omega t$$

$$= \frac{V_0^2}{2R}(1 - \underbrace{\cos 2\omega t}_{\text{頻率為2倍}})$$

> 這裡會用到三角函數的倍角公式。
> 倍角公式有2個，分別為 $\sin 2\theta = 2\sin\theta\cos\theta$
> 以及 $\cos 2\theta = 1 - 2\sin^2\theta = 2\cos^2\theta - 1$。

交流電的電壓 v 與電流 i 會不斷改變正負號。電力 p 的頻率為電壓或電流的2倍，且恆為正值。

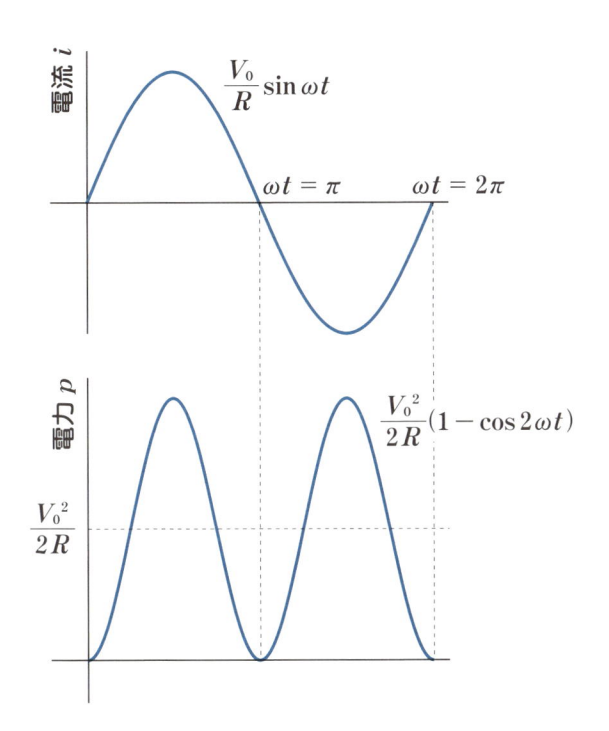

在交流電的波形中，數值會時常改變，這些數值稱為**瞬間值**。但事實上，我們並不需要知道每秒振盪50次或60次的波形在特定時間點的瞬間值。例如電壓時常改變的商用電源，我們一般會寫出**有效值**，簡單表示成100[V]。

交流電的有效值

對於相同的負載，可供應**與直流電相同電力**的交流電，其電壓稱為該交流電的電壓**有效值**。

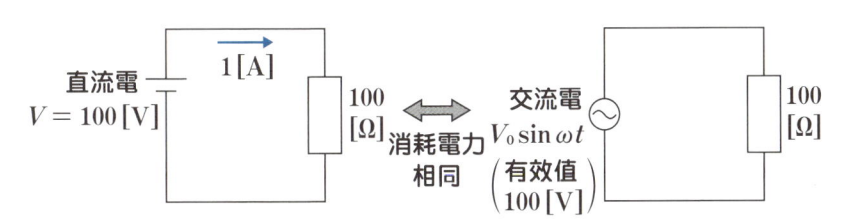

在直流電壓$V=100[\text{V}]$下,$100[\Omega]$的電阻所消耗的電力P如下:

$$P = VI = 100\frac{100}{100} = 100\,[\text{W}]$$

在電阻值相同的情況下,設電壓最大值V_0的交流電所供應的平均電力P_A與直流電力P相同,即

$$P_\text{A} = \frac{V_0^2}{2R} = \frac{V_0^2}{2 \times 100} = 100,因此V_0 = 100\sqrt{2}$$

此時,交流電的電壓有效值V與直流電同為$100[\text{V}]$,因此交流電的有效值為最大值的$\frac{1}{\sqrt{2}}$倍。電流也與電壓相同,有效值為最大值的$\frac{1}{\sqrt{2}}$倍。

本書中提到交流電時,若未特別說明,指的就是有效值。

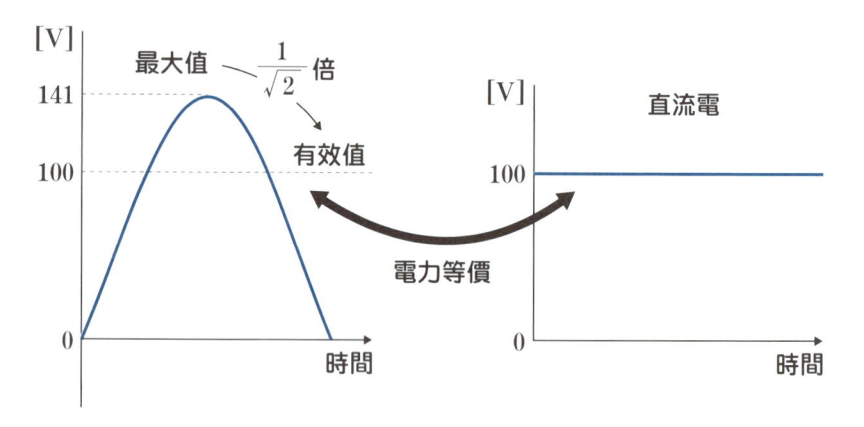

有效值的英文為effective value,或是root mean square value(均方根值),可以寫成RMS值。

順帶一提,交流電波形的平均值為最大值的$\frac{2}{\pi} = 0.64$倍,與有效值,即最大值的$\frac{1}{\sqrt{2}} = 0.71$倍不同。

電路的構成要素　　　亨利　法拉　阻抗　導納

16 拒絕電流改變的線圈、儲存電荷的電容器

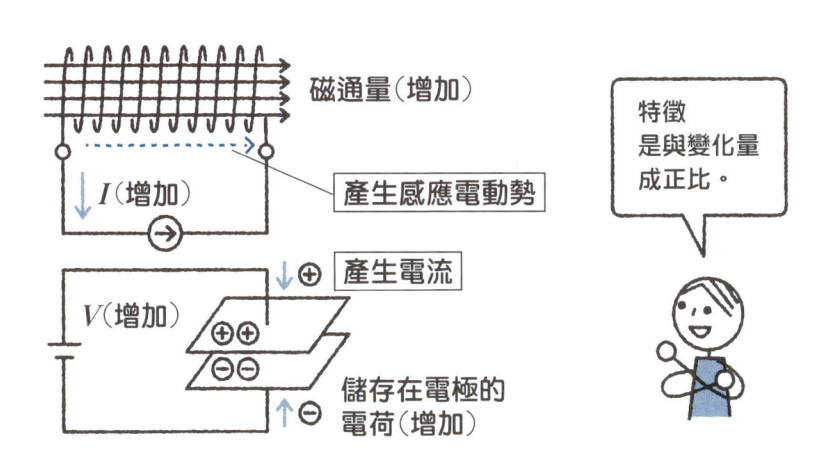

3 交流電路的分析

（圖示）
- 磁通量（增加）
- I（增加）
- 產生感應電動勢
- V（增加）
- 產生電流
- 儲存在電極的電荷（增加）
- 特徵是與變化量成正比。

　　將導體捲成同心圓狀的「線圈」，以及使2個絕緣電極彼此靠近而形成的「電容器」，在電壓與電流時常改變的交流電中會表現出特殊性質。

線圈的性質

　　由安培定律可以知道，當線圈有電流通過時，會產生與其成正比的磁場，或者說產生相應的磁通量。

　　當線圈內的電流改變時，磁通量也會有成比例的變化。由法拉第定律可知，此時會產生與磁通量的**變化量成正比的感應電動勢**。這種感應電動勢產生的電流會傾向讓磁通量保持固定。換句話說，

51

感應電動勢所產生的電流會抵銷掉一部分原本的電流（參照 ⑦）。

要注意的是，正弦波（sine curve）單位時間的變化量，正好是餘弦波（cosine curve），也就是角度超前 $\frac{\pi}{2}$ [rad] 的正弦波。另外，變化量也與角速度成正比。

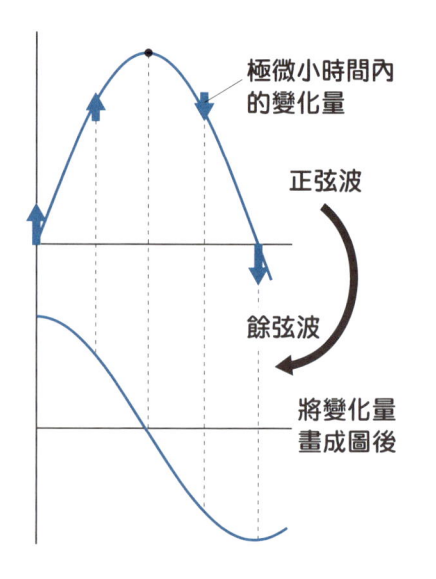

正弦波在極微小時間內的變化量為餘弦波

⬇

餘弦波為正弦波相位超前 $\frac{\pi}{2}$ 後的樣子

⬇

正弦波在極微小時間內的變化量為相位超前 $\frac{\pi}{2}$ 後的正弦波

通過線圈的電流為正弦波。相對的，感應電動勢的振幅與電流的振幅及角速度成正比，為相位超前 $\frac{\pi}{2}$ 的正弦波。另外，由克希荷夫定律的第二定律（參照 ⑩）可以知道，電源電壓 v 與感應電動勢 e 相等。

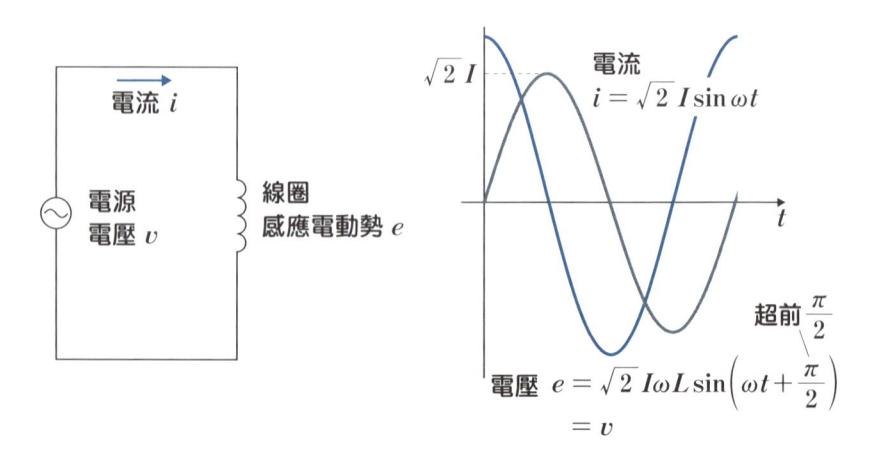

電流 $i = \sqrt{2}\,I\sin\omega t$

電壓 $e = \sqrt{2}\,I\omega L\sin\left(\omega t + \frac{\pi}{2}\right) = v$

超前 $\frac{\pi}{2}$

電源電壓 v 與通過線圈的正弦波電流 i 的關係如下:

$$i = \sqrt{2}\,I\sin\omega t \text{,因此 } v = \sqrt{2}\,I\omega L\sin\left(\omega t + \frac{\pi}{2}\right)$$

L 為電流變化與感應電動勢之間的比例常數——**電感**。線圈的圈數、形狀不同時,電感的數值也不一樣,單位為**亨利[H]**。在實際應用中,通常會使用 10^{-3} 倍的毫亨[mH]。線圈的圈數越多、內部鐵芯越容易讓磁場通過,L 就越大(**參照** ⑦)。

電容器的性質

對電容施加電壓時,電極儲存的電荷與電壓成正比。因為儲存的電荷與電壓成正比,所以電壓改變時,電荷會從外部流入,或者流出至外部,看起來就像是有電流通過電容的樣子。由於**電流與電壓的變化量成正比**,因此電容會產生振幅與正弦波電壓的振幅及角速度成正比、相位超前 $\dfrac{\pi}{2}$ 的正弦波電流。

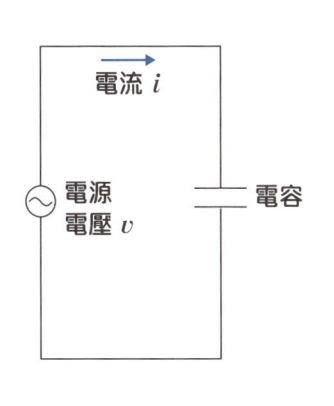

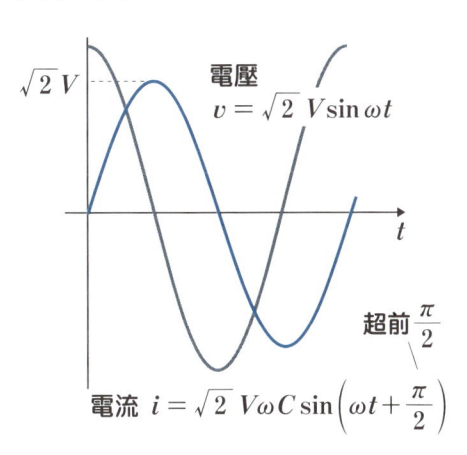

電流 i

電源電壓 v

電容

電壓 $v = \sqrt{2}\,V\sin\omega t$

$\sqrt{2}\,V$

超前 $\dfrac{\pi}{2}$

電流 $i = \sqrt{2}\,V\omega C\sin\left(\omega t + \dfrac{\pi}{2}\right)$

電源電壓與通過電容的正弦波電流的關係如下：

$$v = \sqrt{2}\,V\sin\omega t，因此\ i = \sqrt{2}\,V\omega C\sin\left(\omega t + \frac{\pi}{2}\right)$$

這裡的比例常數C為**電容量**，單位為**法拉**[F]。電容器的電容量是由電極的面積與電極間的距離等決定。在實際應用中，通常會使用10^{-6}倍的微法拉[μF]。

線圈與電容器的性質可對照如下。

	線圈	電容器
阻抗	與頻率成正比 (直流電下的阻抗為0 高頻率交流電幾乎無法通過)	與頻率成反比 (直流電無法通過 高頻率交流電下的阻抗幾乎為0)
相對於電壓的相位	電流為$\frac{\pi}{2}$滯後	電流為$\frac{\pi}{2}$超前

不管是線圈還是電容器，都具有類似電阻、阻礙電流流過的性質，因此線圈、電容器、電阻合稱為**阻抗**。阻抗的單位與電阻同為歐姆[Ω]，不過線圈的感抗有使電流滯後的性質，電容器的容抗有使電流超前的性質。

阻抗的倒數為**導納**，單位與電導同為西門子[S]（參照④）。

專欄│3

虛數與複數的計算方法

我們時常接觸的實數，平方後必定會得到正值。虛數則是平方後會得到負值的數。

例：平方後為 -4 的數為 $\sqrt{-4} = j2$（j 為虛數的代號）

實數與虛數結合後稱為複數。複數的計算方式如下：

計算複數的加減法時，實部與實部計算，虛部與虛部計算
$$(3+j2)+(1-j4) = 4-j2$$
實部與實部相加、虛部與虛部相加

計算複數的乘法時，每個部分都需相乘，然後加總起來
$$(3+j2)(1-j4) = 3\times 1 + (j2)(-j4) + 1\times j2 + 3(-j4)$$
$$= 11 - j10$$
每個部分都需相乘，然後加總

複數與虛部符號相反的另一個複數（共軛複數）相乘後，會得到實數
$$(3-j4)(3+j4) = 3^2 + (-j4)(j4) + j3\times 4 - j3\times 4 = 25$$
共軛複數

計算複數的除法時，需用共軛複數將分母實數化
$$\frac{-4+j8}{2-j2} = \frac{(-4+j8)(2+j2)}{(2-j2)(2+j2)} = \frac{-24+j8}{8} = -3+j$$
分母與分子共同乘上分母的共軛複數

複數的大小為 $\sqrt{實部^2 + 虛部^2}$
$$|3-j4| = \sqrt{3^2+(-4)^2} = 5$$

使用以實數為橫軸、虛數為縱軸的複數平面，便能用有大小與方向的向量表示複數，方便許多（**參照** ⑱）。

電路的構成要素　　　　　　感應電動勢　磁通量　匝數比

17 可自由改變電壓的交流電王牌——變壓器

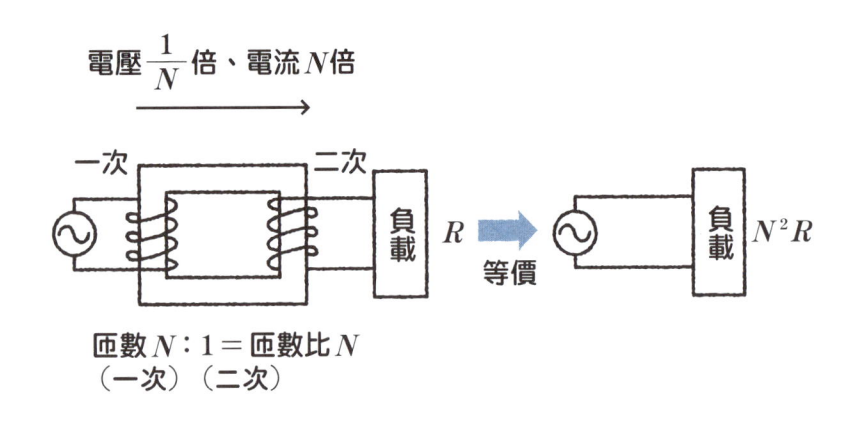

電壓 $\frac{1}{N}$ 倍、電流 N 倍 →

一次　二次　負載 R　⇒ 等價　負載 $N^2 R$

匝數 $N:1=$ 匝數比 N
（一次）（二次）

請 各位思考一個在環狀鐵芯上繞有10圈與30圈線圈的變壓器。在繞有10圈的線圈接上交流電，由安培定律可知，鐵芯的磁通量會與電流及線圈圈數成正比。當交流電使磁通量產生變化時，由法拉第定律可知，繞有30圈的線圈所產生的**感應電動勢**，會與磁通量的變化及線圈圈數成正比（參照 ⑦）。此時，繞有30圈線圈的感應電動勢，為繞有10圈線圈之電壓的 $\frac{30}{10}=3$ 倍。

如果將30圈的線圈接上負載電阻，所產生的感應電動勢會讓電路產生電流。此時，鐵芯會產生與電流及線圈圈數成正比的新生**磁場**。接著，10圈的線圈上會**產生電流以抵銷新生的磁場**。由於線圈圈數僅為 $\frac{1}{3}$ 倍，因此電流會變為3倍。

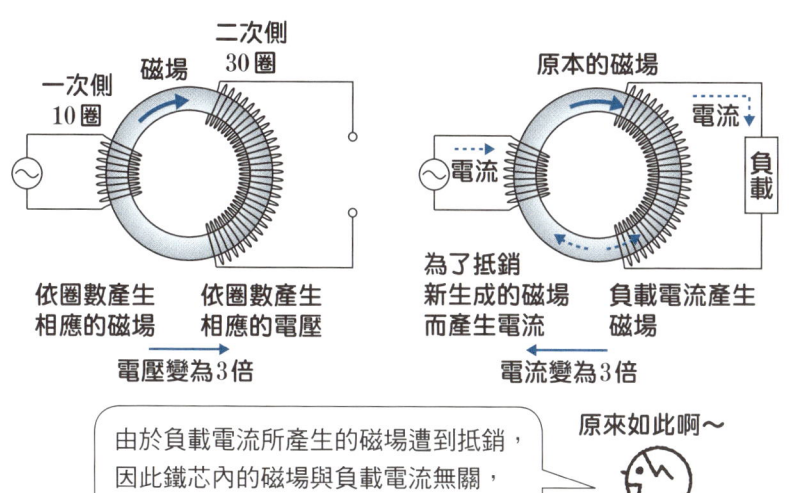

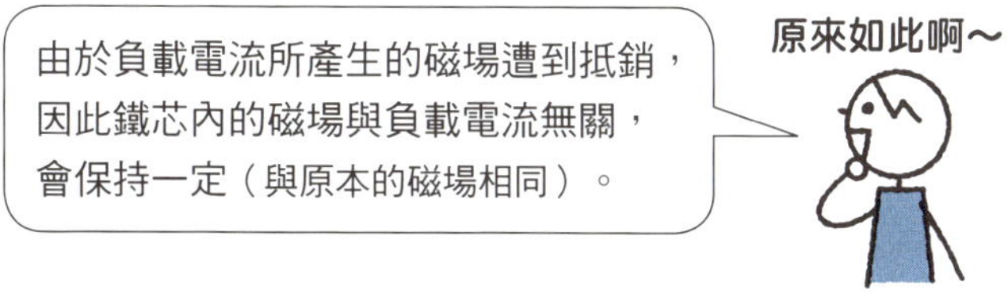

圖中說明：

一次側 10圈 — 磁場 — 二次側 30圈
依圈數產生相應的磁場 — 依圈數產生相應的電壓
電壓變為3倍

原本的磁場 — 電流 — 負載
為了抵銷新生成的磁場而產生電流 — 負載電流產生磁場
電流變為3倍

由於負載電流所產生的磁場遭到抵銷，因此鐵芯內的磁場與負載電流無關，會保持一定（與原本的磁場相同）。

原來如此啊～

電源為10[V]時，二次側的電壓為30[V]，接上10[Ω]的電阻後會產生3[A]的電流。此時，一次側的電流會變成二次側的3倍，即9[A]。也就是說，從一次側的角度看來，二次側的線圈連接的10[Ω]電阻，在電壓10[V]時所產生的電流為9[A]，即與$\frac{10}{9}$[Ω]的電阻等價。

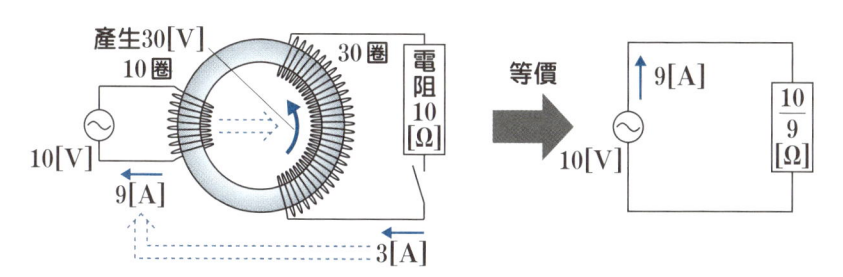

產生30[V] 10圈 — 30圈 — 電阻10[Ω]
10[V] — 9[A] — 3[A]
等價 ⇒ 9[A]、10[V]、$\frac{10}{9}$[Ω]

電源側的線圈圈數與負載側的線圈圈數，兩者間的比值稱為**匝數比**。若匝數比為N，則電壓會變為$\frac{1}{N}$倍，電流會變為N倍。設匝數比N的變壓器於二次側連接的電阻為R[Ω]，可計算得到一次側的電阻為 N^2R[Ω]。

專欄 4　磁場與磁通量密度的關係

磁動勢（磁路上的磁場累積而成）可以驅動磁場流動（參照 ⑦），不過當磁路為鐵芯時，磁通量除以磁路截面積所得到的磁通量密度（單位為特斯拉[T]），並非與磁場[A/m]完全成正比，而是有交流磁場的磁滯特性。

磁滯特性的面積越大，以熱的形式損失的能量就越多。討論變壓器或是線圈時，稱這種能量散逸為「鐵損」。鐵損與負載電流無關，當機器充電時就會消耗一定的電力。另一方面，「銅損」則是線圈電阻產生的熱能損失，與負載電流的平方成正比。

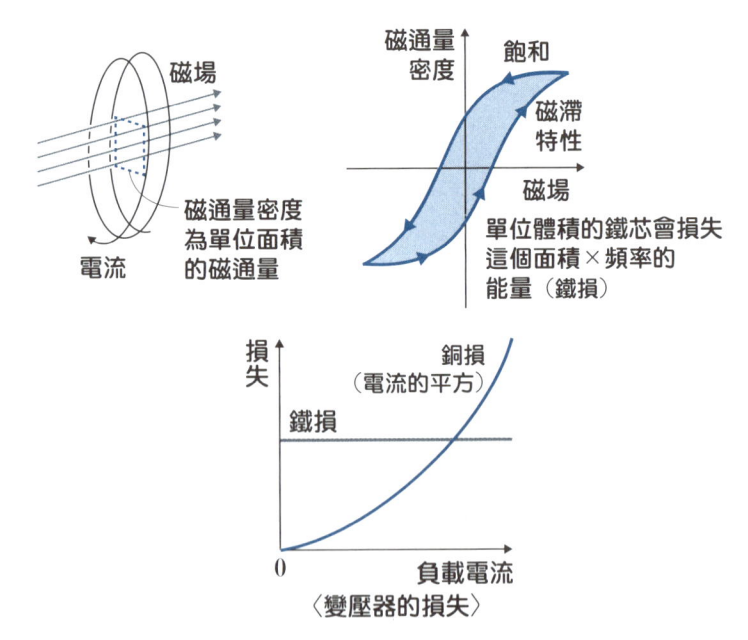

〈變壓器的損失〉

就鐵的性質而言，鐵芯的磁通量密度會在2[T]附近達到飽和，即使磁場再強，磁通量密度也無法提升。若要進一步提升磁通量密度，需要使用磁阻更大的空心線圈並大幅提高線圈圈數與電流，以產生足夠的磁通量。此時會使用電阻為零的超導線圈（參照 ③）。

| 交流電的特徵 | 向量　複數　虛數　歐姆定律 |

18 使用向量表示 —— 極座標表示法與複數表示法

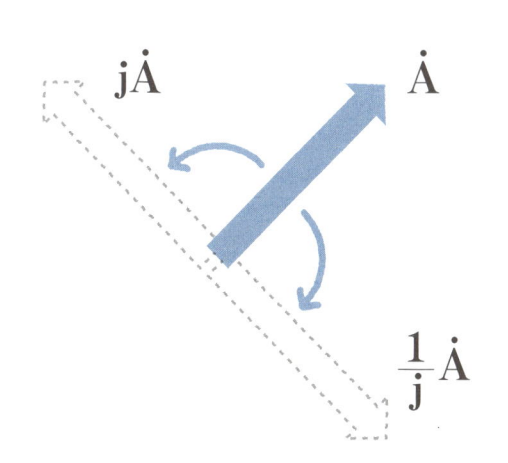

$j\dot{A}$　　　$\dot{A}$

$\dfrac{1}{j}\dot{A}$

3 交流電路的分析

　　向量是有大小以及方向的箭頭。交流電的電壓與電流間有相位差，所以會使用可同時顯示大小與方向的向量來表示。如果要標明某個字母是代表有方向的向量，便會在該字母的上方加一個點（・）。本節會介紹2種向量的表示方式，分別是**極座標表示法**與**複數表示法**。

極座標表示法

　　極座標表示法可以顯示出向量的大小與方向。在相位資訊相當重要的交流電路中，極座標是非常直觀、容易理解的方法。用於向量的乘法、除法時相當方便，但加法與減法就比較麻煩一些。

59

以 $\dot{A} = 3.0 \angle \dfrac{\pi}{6}$、$\dot{B} = 1.5 \angle \dfrac{\pi}{3}$ 為例

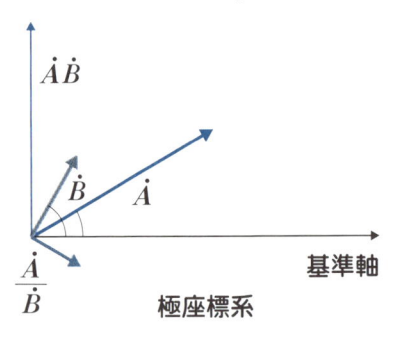

$$\dot{A}\dot{B} = \underbrace{3.0 \times 1.5}_{\text{大小相乘}} \angle \underbrace{\dfrac{\pi}{6} + \dfrac{\pi}{3}}_{\text{角度相加}}$$

$$= 4.5 \angle \dfrac{\pi}{2}$$

$$\dfrac{\dot{A}}{\dot{B}} = \underbrace{\dfrac{3.0}{1.5}}_{\text{大小相除}} \angle \underbrace{\dfrac{\pi}{6} - \dfrac{\pi}{3}}_{\text{角度相減}}$$

$$= 2.0 \angle -\dfrac{\pi}{6}$$

極座標系　基準軸

複數表示法

以橫軸為實數軸、縱軸為虛數軸,向量可寫成**實數＋虛數**的**複數**。虛數一般用 i 來表示,不過在電學世界中,為了避免與電流 i 混淆,會用 j 來表示。複數表示法用於加、減、乘、除都相當方便。

以極座標表示的向量 $\dot{X} = A \angle \theta$ 可表示成複數如下:

$$\dot{X} = A\cos\theta + jA\sin\theta$$

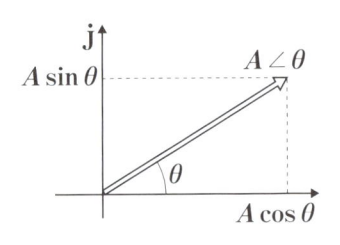

各種相位的電壓 $V = 100\,[\text{V}]$ 可以用複數表示如下。

	極座標表示法	複數表示法
①	$\dot{V} = 100 \angle 0$	$\dot{V} = 100 + j0$
②	$\dot{V} = 100 \angle \dfrac{\pi}{3}$	$\dot{V} = 50 + j50\sqrt{3}$
③	$\dot{V} = 100 \angle \dfrac{3}{4}\pi$	$\dot{V} = -50\sqrt{2} + j50\sqrt{2}$
④	$\dot{V} = 100 \angle -\dfrac{\pi}{3}$	$\dot{V} = 50 - j50\sqrt{3}$

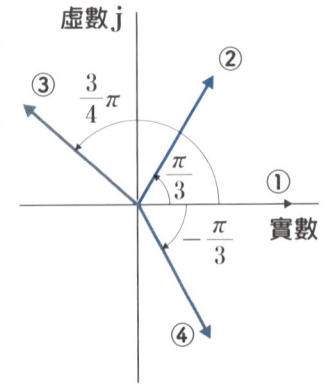

乘上虛數 j 後，向量會逆時針旋轉 $\frac{\pi}{2}$，因此只要使用複數表示阻抗，便可由歐姆定律（參照 ④）將電流表示成滯後電壓 $\frac{\pi}{2}$，或是超前電壓 $\frac{\pi}{2}$（參照 ⑯）。

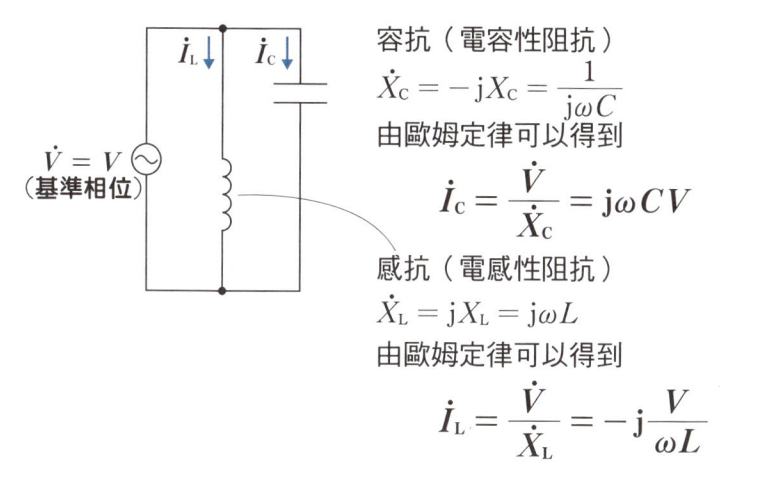

$\dot{V} = V$（**基準相位**）

容抗（電容性阻抗）
$$\dot{X}_C = -jX_C = \frac{1}{j\omega C}$$
由歐姆定律可以得到
$$\dot{I}_C = \frac{\dot{V}}{\dot{X}_C} = j\omega CV$$

感抗（電感性阻抗）
$$\dot{X}_L = jX_L = j\omega L$$
由歐姆定律可以得到
$$\dot{I}_L = \frac{\dot{V}}{\dot{X}_L} = -j\frac{V}{\omega L}$$

$\dot{I}_C = j\omega CV$

因為容抗為 $\frac{1}{j\omega C}$
所以電流超前 $\frac{\pi}{2}$

$\dot{V} = V$

因為感抗為 $j\omega L$
所以電流滯後 $\frac{\pi}{2}$

$\dot{I}_L = -j\frac{V}{\omega L}$

「阻抗」為阻礙電流通過之性質（電阻、線圈、電容器等）的總稱。其中，以虛數表示的電容性、電感性成分，也叫做**電抗**。

適用歐姆定律的例子

以下介紹使用**複數**表示電壓、電流、阻抗，且適用於**歐姆定律**（參照 ④）的例子。

設電壓 $V=24[\text{V}]$、電流 $I=4[\text{A}]$（比電壓滯後 $\dfrac{\pi}{6}$）。當電壓 $\dot{V}$ 為基準相位時，$\dot{V}=24$（虛部為 0），

阻抗 $Z[\Omega]$ 可計算如下：

$$\dot{I} = \underbrace{4\left(\cos\left(-\dfrac{\pi}{6}\right)+\text{j}\sin\left(-\dfrac{\pi}{6}\right)\right)}_{\text{大小為4，滯後}\dfrac{\pi}{6}}$$

$$= 4\left(\dfrac{\sqrt{3}}{2}-\text{j}\dfrac{1}{2}\right)=2\sqrt{3}-\text{j}2$$

$$\dot{Z}=\underbrace{\dfrac{\dot{V}}{\dot{I}}}_{\text{歐姆定律}}=\dfrac{24}{2\sqrt{3}-\text{j}2}=\dfrac{24(2\sqrt{3}+\text{j}2)}{(2\sqrt{3}-\text{j}2)(2\sqrt{3}+\text{j}2)}=\dfrac{24(2\sqrt{3}+\text{j}2)}{(2\sqrt{3})^2+2^2}$$

$$=3\sqrt{3}+\text{j}3[\Omega]$$

（虛數成分為正，故為線圈）

$3\sqrt{3}\,[\Omega]\qquad \text{j}3[\Omega]$

參考 以下電路的電流為何？

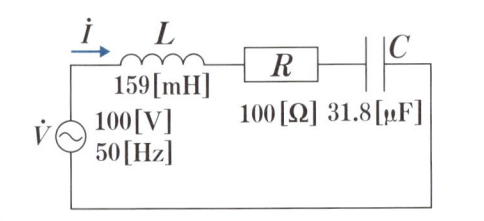

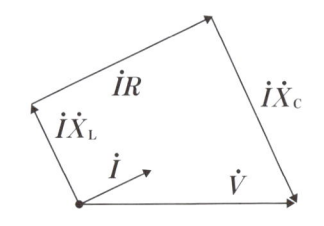

當電壓 $\dot{V}$ 為基準相位時，$\dot{V}=100+\text{j}0[\text{V}]$

$$\dot{I}=\dfrac{\dot{V}}{\dot{Z}}=\dfrac{100}{100+\text{j}X_\text{L}-\text{j}X_\text{C}}$$

其中，

$$X_\text{L}=\omega L=2\pi f L=2\pi 50\times 159\times 10^{-3}=50[\Omega]$$

$$X_\text{C}=\dfrac{1}{\omega C}=\dfrac{1}{2\pi f C}=\dfrac{1}{2\pi 50\times 31.8\times 10^{-6}}=100[\Omega]$$

所以

$$\dot{I}=\dfrac{100}{100+\text{j}50-\text{j}100}=\dfrac{100(100+\text{j}50)}{(100-\text{j}50)(100+\text{j}50)}$$

$$=0.8+\text{j}0.4[\text{A}]\quad \text{大小為}\sqrt{0.8^2+0.4^2}=0.89[\text{A}]$$

交流電的特徵 / 有效功率 / 無效功率 / 視在功率 / 共軛複數 / 功率因數

19 知道這些就能瞭解什麼是交流電 —— 交流電力的分析

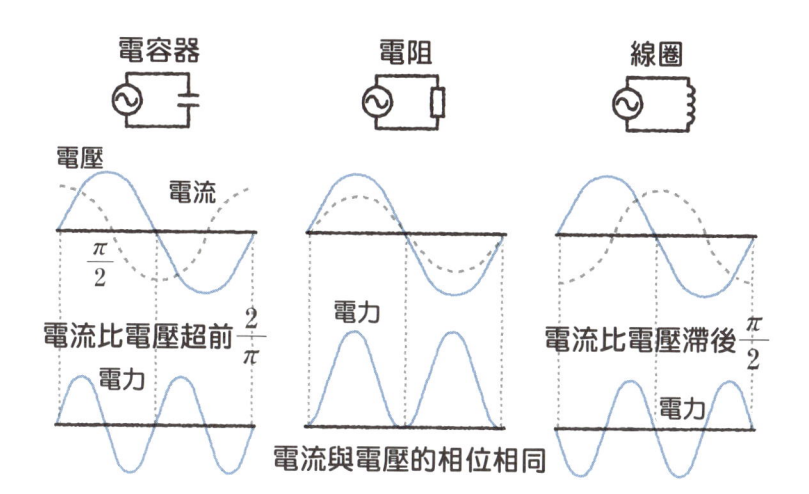

電容器 / **電阻** / **線圈**

電壓 / 電流
電流比電壓超前 $\frac{2}{\pi}$
$\frac{\pi}{2}$
電力

電力
電流與電壓的相位相同

電流比電壓滯後 $\frac{\pi}{2}$
電力

3 交流電路的分析

　　交流電路與直流電路相同，**電功率＝電壓×電流**。這條式子中的電壓與電流，皆為正弦波中某個時間點的瞬間值，在任何一個瞬間都會成立。

　　若接上電阻，電壓與電流的相位相同，由電功率瞬間值的波形可以看出，**電功率的平均值大於**0會消耗電能。相對於此，若接上電容器，相位差為 $\frac{\pi}{2}$；若接上線圈，相位差為 $-\frac{\pi}{2}$，兩者的**電功率平均值皆為**0。

　　也就是說，電容器與線圈皆不會消耗電力，而是儲存、釋放磁通量或電荷的能量，即反覆吸收、釋放電能。

電流 I

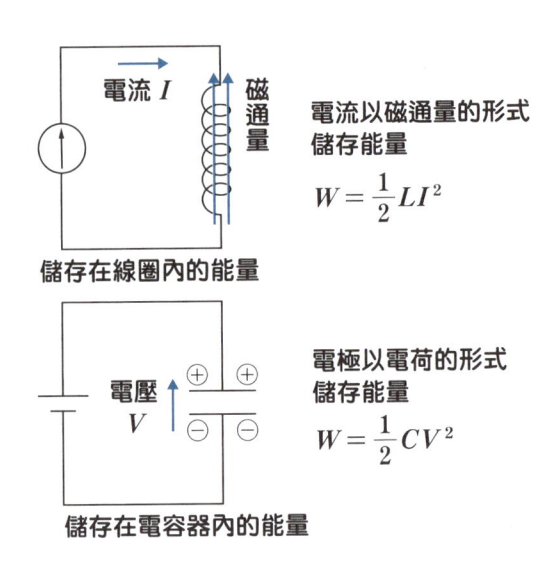

磁通量

電流以磁通量的形式
儲存能量

$$W = \frac{1}{2}LI^2$$

儲存在線圈內的能量

電壓 V

電極以電荷的形式
儲存能量

$$W = \frac{1}{2}CV^2$$

儲存在電容器內的能量

以向量表示時的電功率計算

當電壓與電流的相位差為 θ 時，電流 $\dot{I}$ 可分解成相位與電壓相同的成分 $I\cos\theta$，以及相位差為 $\frac{\pi}{2}$ 的成分 $I\sin\theta$。此處電壓與電流的乘積 $VI\cos\theta$ 的平均值不為0，為可使用、消耗的電能，稱為**有效功率**；而 $VI\sin\theta$ 為反覆吸收與釋放、平均值為0的電能，稱為**無效功率**（單位為伏特安培[V·A]）。而有效功率與無效功率合成後可得到**視在功率**（單位為伏特安培[V·A]）。

另外，一般我們會習慣用乏[Var]作為無效功率的單位。

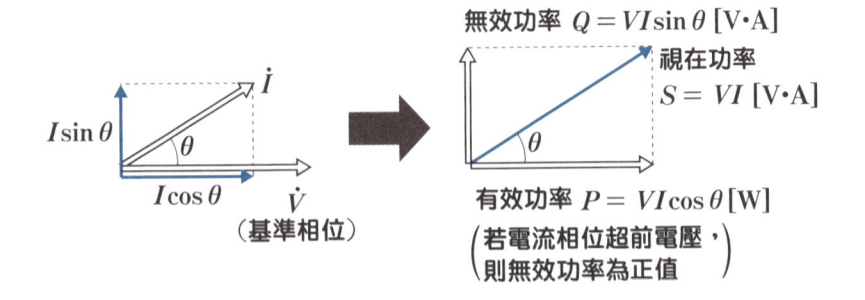

無效功率 $Q = VI\sin\theta$ [V·A]

視在功率 $S = VI$ [V·A]

$I\sin\theta$

$I\cos\theta$

$\dot{V}$
（基準相位）

有效功率 $P = VI\cos\theta$ [W]
（若電流相位超前電壓，則無效功率為正值）

不過,當電壓與電流皆不為基準相位狀態時,即使將以複數表示的電壓 $\dot{V}$ 與電流 $\dot{I}$ 相乘,也不會得到想要的電功率數值。以向量求算電功率時,在相位方面,不應使用「乘法」計算2個角度的加總,而是要使用「除法」計算2個角度的差。

此時,必須將電壓或電流之一轉變成**共軛複數**。所謂的共軛複數,是虛數的正負號顛倒的複數。若**取電流的共軛複數**後,**電流滯後**電壓,則**無效功率為正值**;若取電壓的共軛複數後,電流超前電壓,則無效功率為正值。

電壓 $\dot{V}$

$\bar{I}$(共軛複數)

電流滯後電壓時,無效功率為正值

$P + jQ = \dot{V}\bar{I}$

無效功率
$Q = VI\sin(\theta_1 - \theta_2)$

有效功率
$P = VI\cos(\theta_1 - \theta_2)$

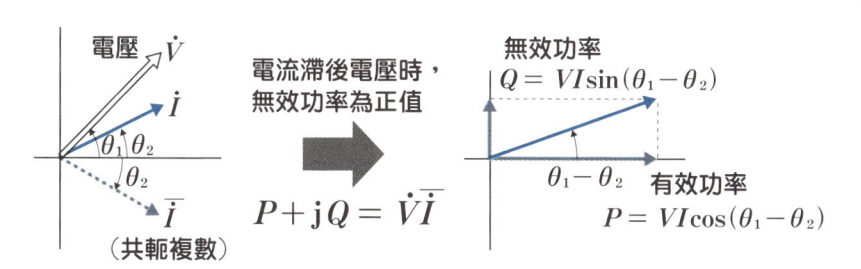

視在功率與功率因數

有效功率/視在功率的數值稱為**功率因數**。功率因數為「供應的電力中,有多少比率的電力可有效發揮作用」的指標。

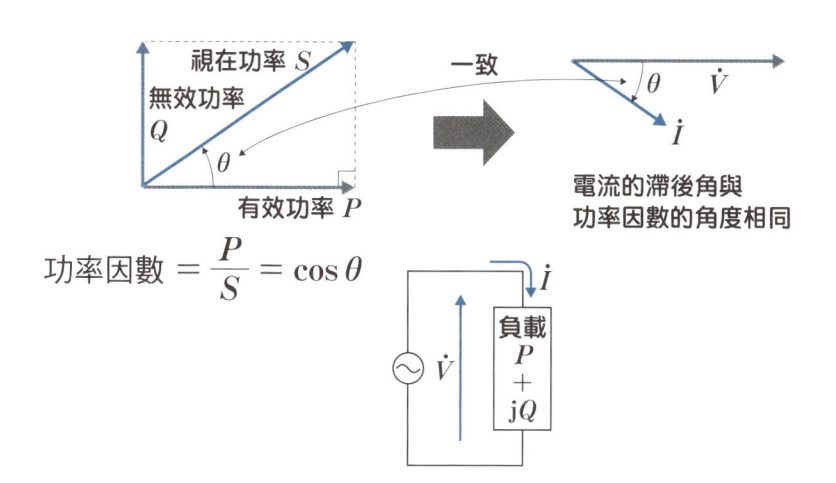

視在功率 S
無效功率 Q
有效功率 P

一致 →

電流的滯後角與功率因數的角度相同

功率因數 $= \dfrac{P}{S} = \cos\theta$

負載 $P + jQ$

> **參考**
>
> 將100[V]的電源接上有效功率800[W]、功率因數0.8（滯後）的負載，試求負載電流與負載阻抗。
>
> Q 600 [V·A]
> S 1,000 [V·A]
> θ
> P 800 [W]
>
> 功率因數 $\dfrac{P}{S} = 0.8 = \cos\theta$
>
> 由於 $P = 800[\text{W}]$，因此視在功率 $S = \dfrac{800}{0.8} = 1{,}000[\text{V} \cdot \text{A}]$
>
> 無效功率 $Q = \sqrt{1{,}000^2 - 800^2} = 600[\text{V} \cdot \text{A}]$
>
> 設負載電流 $\dot{I} = i_1 + ji_2$
>
> $\dot{V}\,\overline{\dot{I}} = 100\,i_1 - j100\,i_2 = \underset{P}{800} + \underset{Q}{j600}$
>
> $i_1 = 8$、$i_2 = -6$
>
> $\dot{I} = 8 - j6[\text{A}]$　大小為 $\sqrt{8^2 + 6^2} = 10[\text{A}]$
>
> $\dot{Z} = R + jX = \dfrac{\dot{V}}{\dot{I}} = \dfrac{100}{8 - j6} = \dfrac{100(8 + j6)}{8^2 + 6^2} = 8 + j6[\Omega]$
>
> $i = 8 - j6\,[\text{A}]$
> $P = 800\,[\text{W}]$
> 功率因數 0.8（滯後）
> $R = 8$
> 100 [V]
> $jX = j6$

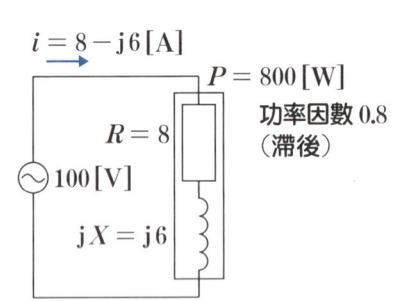

66

專欄 | 5　暫態現象

在 **Chapter 2** 介紹的直流電路中，電壓與電流保持固定。在 **Chapter 3** 與 **Chapter 4** 介紹的交流電路中，電壓與電流以一定的週期及振幅變動。但實際上，在電源開關的瞬間，電路需要一定的時間才能穩定下來，這個過渡過程稱為「暫態現象」。

線圈（參照 ⑯）在電流固定的直流電下，阻抗為零，但如果電流出現變化，線圈就會產生妨礙變化的電壓。另一方面，電容器（參照 ⑯）在電流固定的直流電下，阻抗為無限大，雖然電路上為斷線狀態，但只要電壓改變，之前累積的電荷就會產生電流。

要分析上述這些暫態現象，需要解「微分方程式」，結果如下所示。

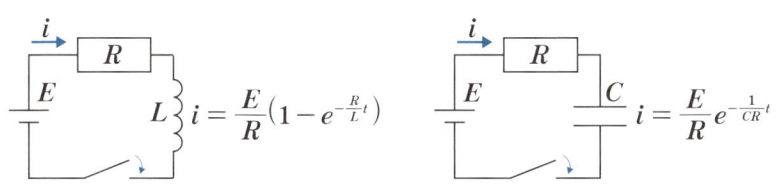

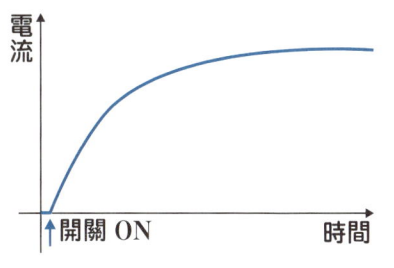

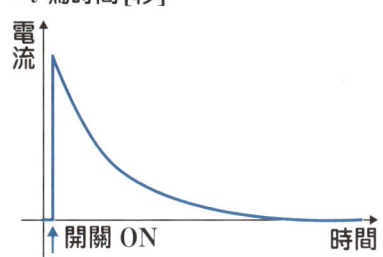

$$i = \frac{E}{R}\left(1 - e^{-\frac{R}{L}t}\right)$$

$$i = \frac{E}{R}e^{-\frac{1}{CR}t}$$

e 為自然對數 $2.71828\cdots\cdots$，t 為時間 [秒]

Chapter 4

交流電的主角——三相交流電路

一般家中所使用的商用電源，在進入家門之前是以三相交流電的形式輸送。在 Chapter 4 中，我們會學習三相交流電的一切。

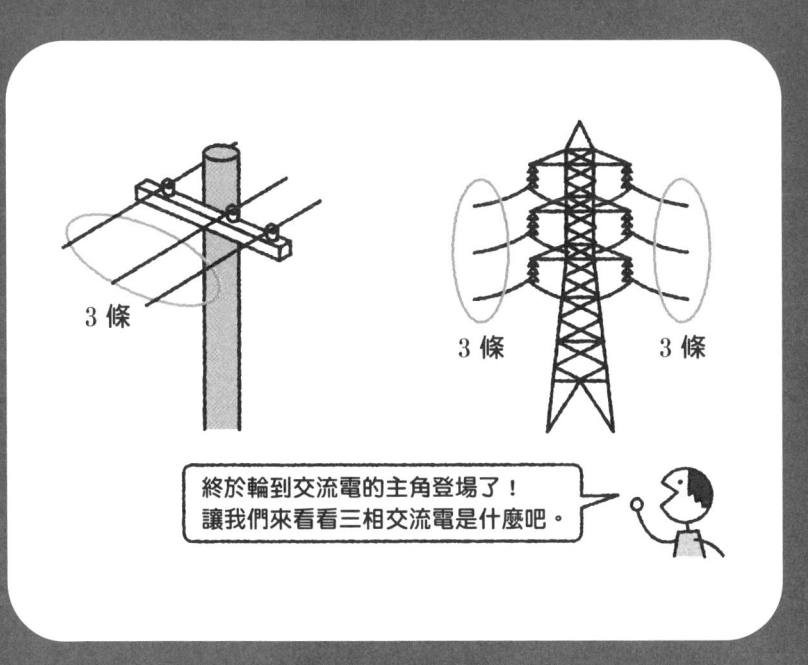

終於輪到交流電的主角登場了！
讓我們來看看三相交流電是什麼吧。

電的樣貌 / 單相交流電 / 三相交流電 / 線電壓 / 相電壓

20 交流輸電的主角登場 ——三相交流電

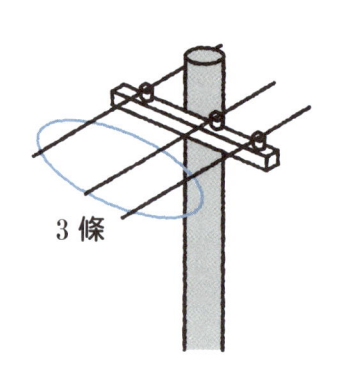

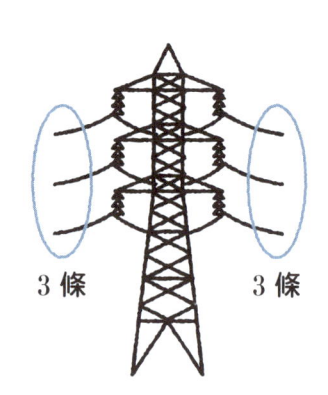

3 條

3 條　3 條

> 終於輪到交流電的主角登場了！
> 讓我們來看看三相交流電是什麼吧。

前面我們提過的交流電都是**單相交流電**。家用插座的交流電也是單相交流電，這可能會讓一般人以為，單相交流電為交流電的標準形式，但其實並非如此。發電與輸電的交流電都是**三相交流電**，在送進家中的前一刻才會轉換成單相交流電。

三相交流電是由3個單相交流電路組合而成。如果3個單相交流電路擁有相同的電壓與負載，且3個電源的相位差為$\frac{2}{3}\pi$，那麼3個交流電的合成電壓與合成電流皆為零，另一側的電路會轉變成中性線，沒有任何電流通過。換句話說，不需要這條電路，可以省下來。

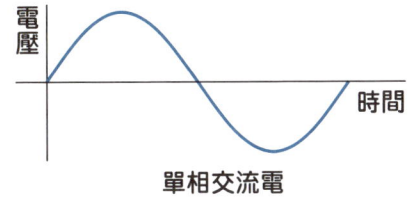

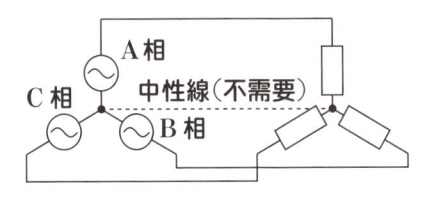

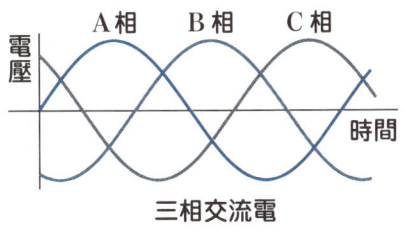

在電壓方面，有**線電壓**與**相電壓**2種表示方式。線電壓的大小為相電壓的 $\sqrt{3}$ 倍，相位角也差了 $\frac{\pi}{6}$。使用三相交流電時，必須注意標示的電壓是哪一種電壓。如果沒有特別指定的話，一般標示的會是**線電壓**。

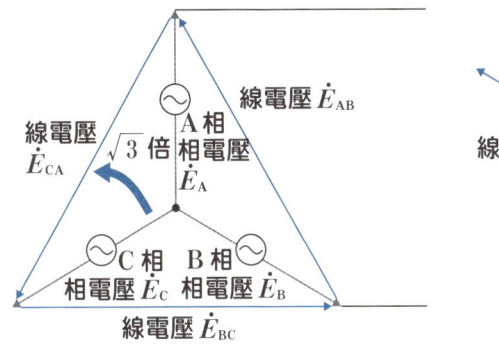

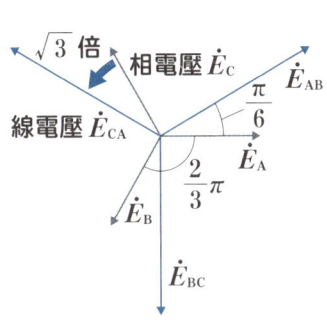

舉個例子來說，多數電線桿的配電線上標示的電壓為6.6[kV]（參照 38）（註：台灣多數電線桿的配電線上標示的電壓為6.9[kV]）。

電的路徑

> Y接線　三角接線　中性點

21 只有三相交流電才有的接線方式——星形接線與三角接線

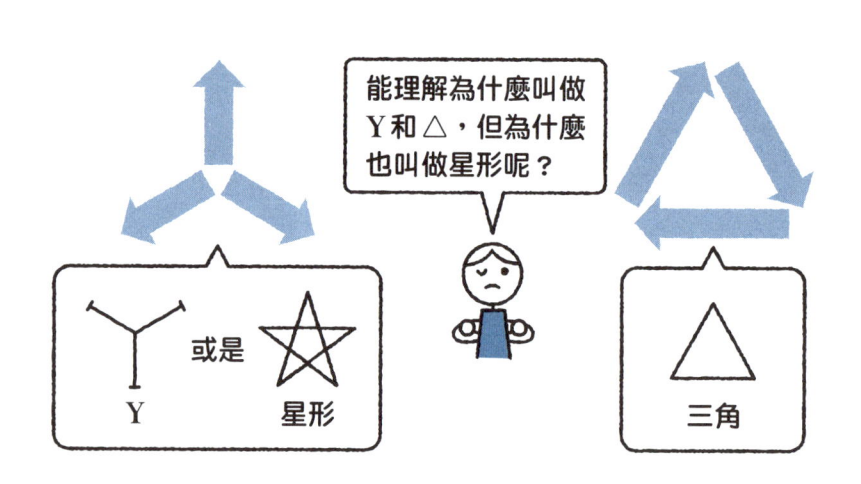

能理解為什麼叫做 Y 和 △，但為什麼也叫做星形呢？

Y　或是　星形

三角

　　三相交流電是由3個相位差 $\frac{2}{3}\pi$ 的單相交流電路組合而成，並省略中性線，這種型態稱為星形接線（也叫做**Y接線**）。三相交流電還有另一種接線型態叫做**三角接線**（**Δ接線**）。在三相交流電的發電機、變壓器、負載的連接方式中，Y接線與三角接線的使用都相當普遍。

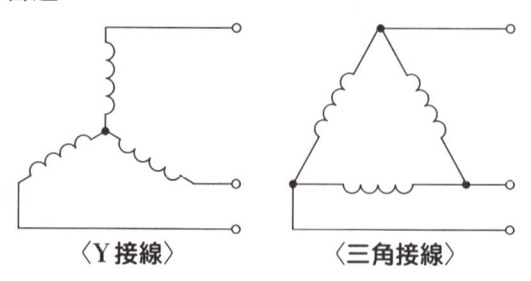

〈Y接線〉　〈三角接線〉

▲ 發電機

72

〈三角・三角接線〉　　　　〈Y・三角接線〉

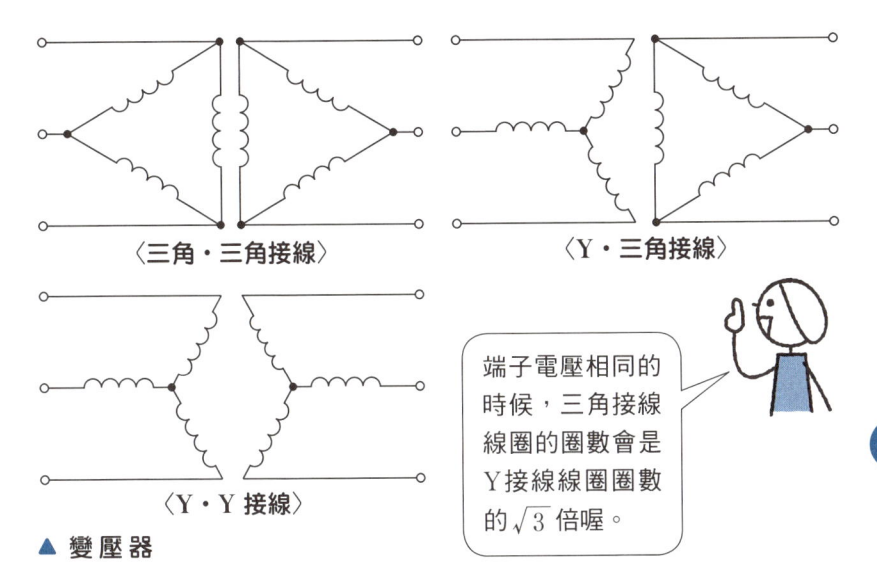

〈Y・Y接線〉

端子電壓相同的時候，三角接線線圈的圈數會是Y接線線圈圈數的 $\sqrt{3}$ 倍喔。

▲ 變壓器

　　Y接線需要**中性點接地**（參照 39）。三角接線沒有中性點接地的必要，所以使用範圍比較廣。

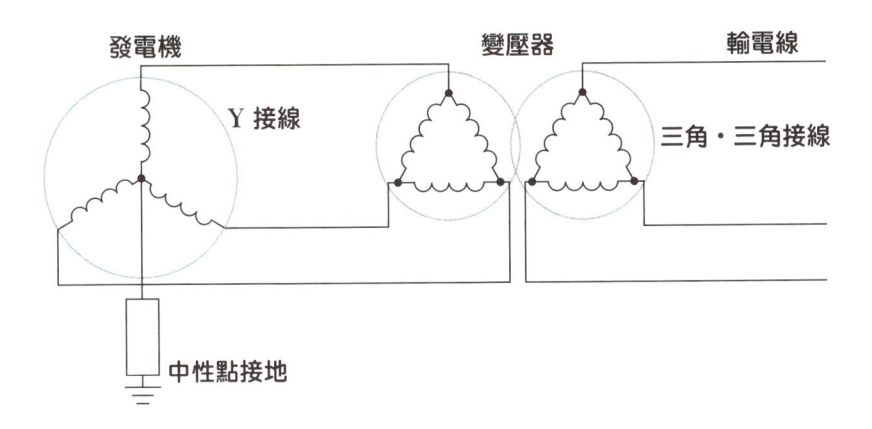

發電機　　　變壓器　　　輸電線

Y接線

三角・三角接線

中性點接地

　　在三角・三角接線與Y・Y接線的變壓器中，變壓器的一次側與二次側間，電壓與電流不會產生相位差。不過Y・三角接線的變壓器會產生 $\dfrac{\pi}{6}$ 的相位差。因此，Y・三角接線與三角・三角接線（或Y・Y接線）的變壓器無法並聯使用。

交流電的特徵

22 關鍵字是 $\sqrt{3}$ ——三相交流電的電壓、電流、電力

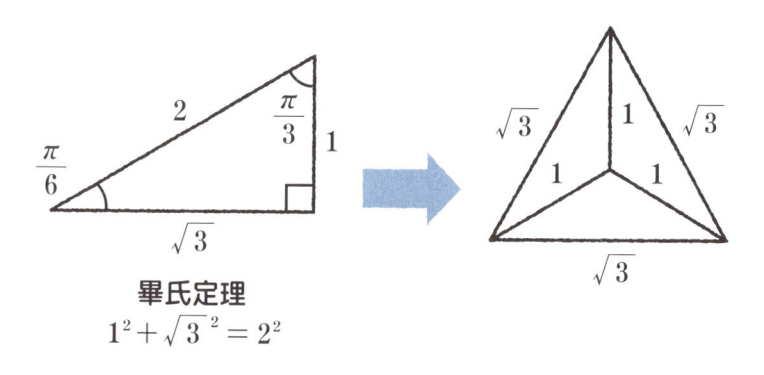

線電壓　相電壓　Y接線

畢氏定理
$1^2 + \sqrt{3}^2 = 2^2$

在三相交流電中,如果各相的電壓或阻抗皆相等,三相達成平衡的時候,可視為3個單相交流電路的組合,轉換成 **Y接線**（參照 ㉑）計算單相交流電的狀況。

電壓的三角→Y轉換

給定**線電壓**時,計算用的**相電壓**為其 $\dfrac{1}{\sqrt{3}}$ 倍。

阻抗的三角→Y轉換

三角接線的各相負載在轉換成Y接線時,各相負載仍會消耗相同的功率。施加於負載的電壓變為原本的 $\dfrac{1}{\sqrt{3}}$ 倍時,消耗功率仍然相同,因此通過Y接線負載的電流會變成 $\sqrt{3}$ 倍。也就是說,電

74

壓變為 $\frac{1}{\sqrt{3}}$ 倍，電流變為 $\sqrt{3}$ 倍的Y接線負載，阻抗會是三角接線負載的 $\frac{1}{3}$ 倍。

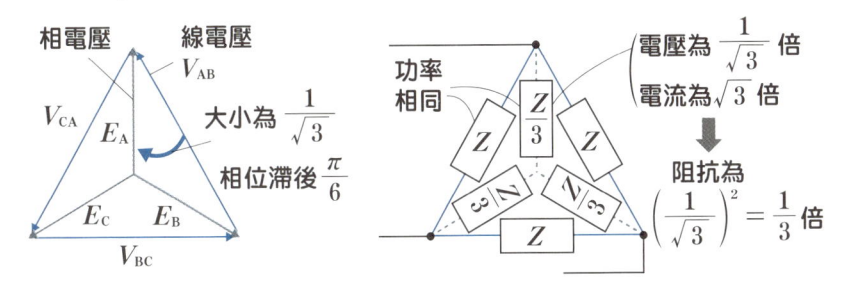

電功率的計算

Y接線的三相電路的電功率為單相電路的3倍。單相電力的大小為相電壓×線電流如下：

$$電功率大小 = 3EI = 3\frac{V}{\sqrt{3}}I = \sqrt{3}\,VI$$
（視在功率）

有效功率與無效功率可以用複數向量表示，並由 $P + jQ = 3\dot{E}\overline{\dot{I}}$ 的式子求得（參照 ⑲），但由於 $\dot{V}$ 的相位較 $\dot{E}$ 超前 $\frac{\pi}{6}$（參照 ⑳），因此**不能用 $P + jQ = \sqrt{3}\,\dot{V}\overline{\dot{I}}$ 的方式求算**。

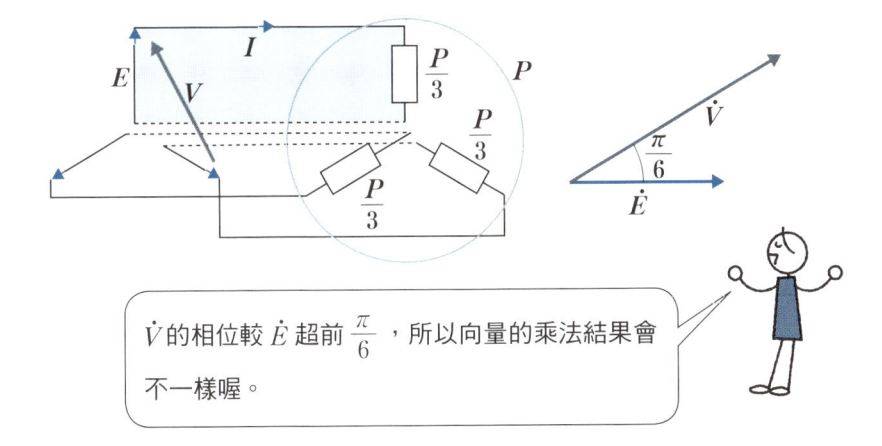

$\dot{V}$ 的相位較 $\dot{E}$ 超前 $\frac{\pi}{6}$，所以向量的乘法結果會不一樣喔。

交流電的特徵

旋轉磁場 / 輸電功率

23 選擇它的理由
── 三相交流電的優點

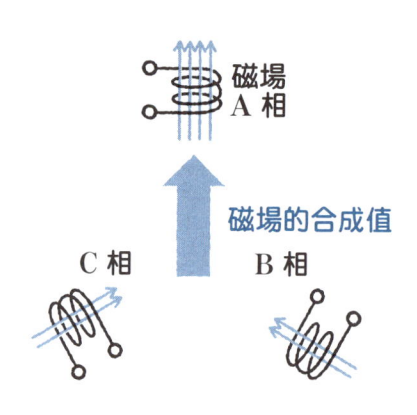

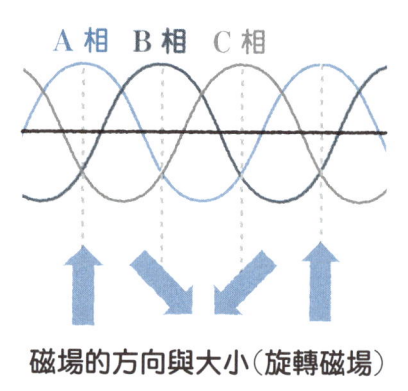

磁場 A 相

C 相　磁場的合成值　B 相

A 相　B 相　C 相

磁場的方向與大小（旋轉磁場）

　　相交流電有個很大的優點，那就是可以得到**旋轉磁場**，以及電線的**輸電功率**較大。

旋轉磁場

　　角度各自錯開 $\frac{2}{3}\pi$ 的3個線圈分別接上三相交流電的各個相之後，3個線圈組成的磁場合成值大小固定，可形成依照電源頻率平滑旋轉的**旋轉磁場**。

　　如果在這個旋轉磁場中，放置永久磁鐵或電磁鐵的轉子，可得到同步馬達（參照 48）。在同步馬達中，轉子磁鐵與定子線圈所形

成的旋轉磁場會以磁力結合，轉速與旋轉磁場相同。

三相交流電的輸電功率

線電壓 V、線電流 I 的單相交流電，輸電功率為 $P_2 = VI$。而線電壓與線電流相同的三相交流電，輸電功率則為 $P_3 = \sqrt{3}\ VI$（參照㉒）。單相交流電的電線有2條，三相交流電有3條，因此每條電線可傳輸之電功率比如下：

$$\frac{P_2}{2} : \frac{P_3}{3} = \frac{VI}{2} : \frac{\sqrt{3}\ VI}{3} = 1 : \frac{2}{\sqrt{3}} = 1 : 1.15$$

線電壓 V、線電流 I 相同時，三相交流電每條電線可傳輸的電功率為單相交流電的1.15倍。

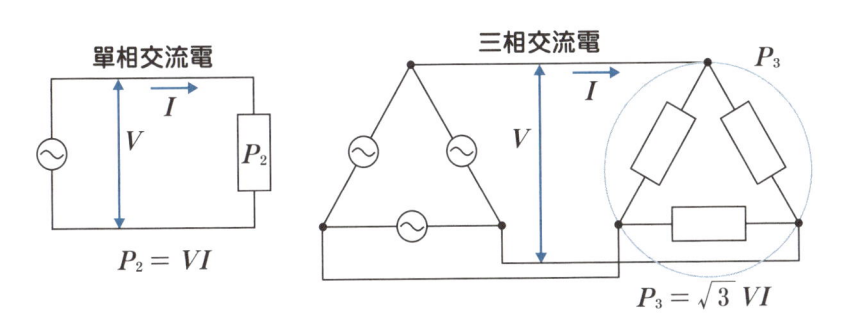

另外，假設單相交流電與三相交流電的線電壓同為 V，輸送相同電功率 P，那麼單相交流電的線電流 I 為三相交流電的 $\sqrt{3}$ 倍。輸電時的耗損與電流的平方×電線數成正比，因此兩者耗損比如下：

$$\underbrace{(\sqrt{3}\ I)^2 \times \underbrace{2}_{2條}}_{單相} : \underbrace{I^2 \times \underbrace{3}_{3條}}_{三相} = 6I^2 : 3I^2 = 1 : 0.5$$

換句話說，線電壓 V、輸電功率 P 相同時，三相交流電的輸電耗損為單相交流電的0.5倍。

專欄 | 6 三相不平衡電路的分析方法

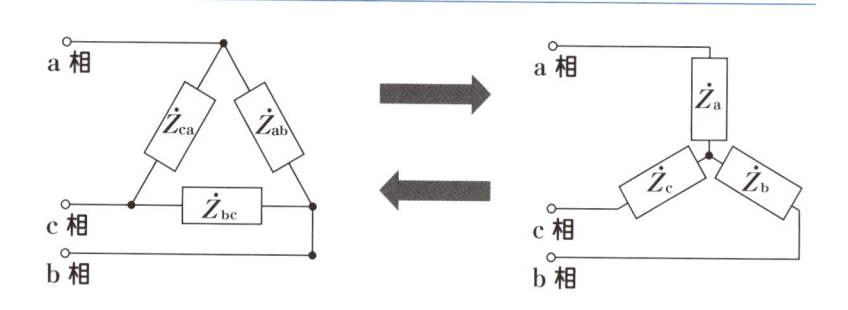

三相不平衡的三角接線也可以轉換成Y接線（參照 ㉒），關係式如下：

$$\begin{cases} \dot{Z}_a = \dfrac{\dot{Z}_{ca}\dot{Z}_{ab}}{\dot{Z}_{ab}+\dot{Z}_{bc}+\dot{Z}_{ca}} \\ \dot{Z}_b = \dfrac{\dot{Z}_{ab}\dot{Z}_{bc}}{\dot{Z}_{ab}+\dot{Z}_{bc}+\dot{Z}_{ca}} \\ \dot{Z}_c = \dfrac{\dot{Z}_{bc}\dot{Z}_{ca}}{\dot{Z}_{ab}+\dot{Z}_{bc}+\dot{Z}_{ca}} \end{cases} \Longleftrightarrow \begin{cases} \dot{Z}_{ab} = \dfrac{\dot{Z}_a\dot{Z}_b+\dot{Z}_b\dot{Z}_c+\dot{Z}_c\dot{Z}_a}{\dot{Z}_c} \\ \dot{Z}_{bc} = \dfrac{\dot{Z}_a\dot{Z}_b+\dot{Z}_b\dot{Z}_c+\dot{Z}_c\dot{Z}_a}{\dot{Z}_a} \\ \dot{Z}_{ca} = \dfrac{\dot{Z}_a\dot{Z}_b+\dot{Z}_b\dot{Z}_c+\dot{Z}_c\dot{Z}_a}{\dot{Z}_b} \end{cases}$$

不過，即使利用這個公式將三角接線轉換成Y接線，各相的阻抗與電壓仍然不同，依舊為不平衡電路，不能將單相電路擷取出來計算。

有些例子可以用重疊定理計算，不過一般的三相不平衡電路會用到「對稱分量法」計算。對稱分量法較為複雜，需要的話請參考專業說明書。

Chapter 5

瞭解電的樣貌
——測量電力

如果想要理解電、使用電，就必須正確捕捉電的實際樣貌。前人利用電與磁的性質，費了許多工夫，終於捕捉到電的樣貌。在Chapter 5中，我們會介紹各種捕捉電的樣貌的方法。

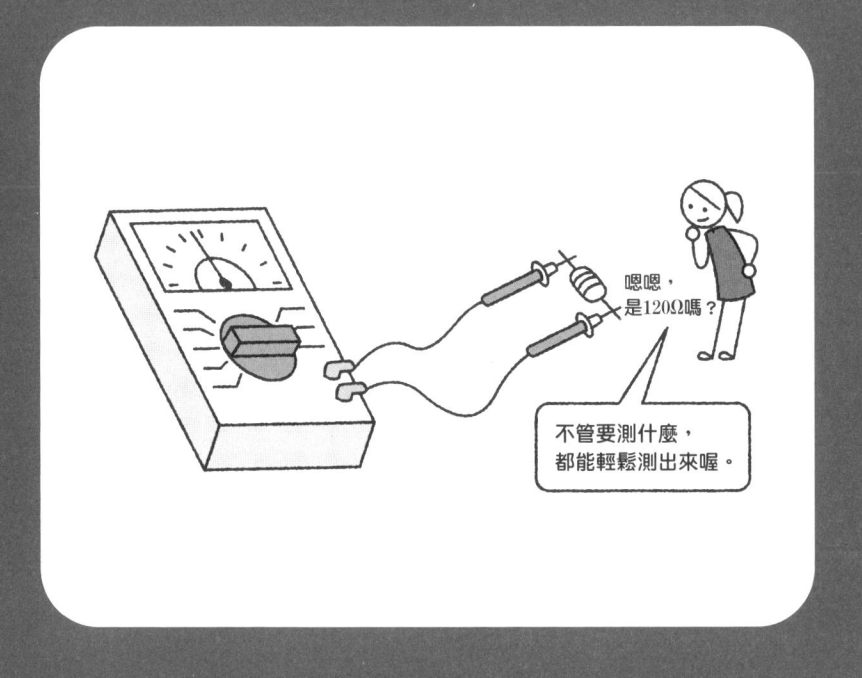

嗯嗯，
是120Ω嗎？

不管要測什麼，
都能輕鬆測出來喔。

瞭解電的樣貌

24 精確捕捉電的樣貌 —— 電的測量與誤差

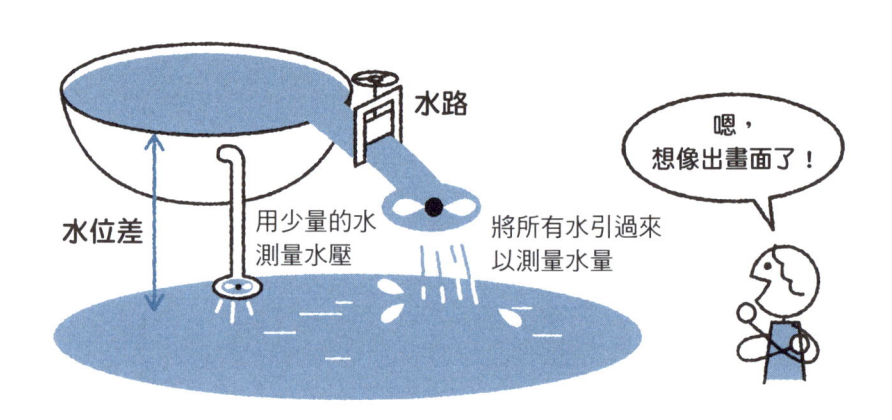

檢測誤差

水路

水位差

用少量的水測量水壓

將所有水引過來以測量水量

嗯,想像出畫面了!

如果要有效用電,就必須精確捕捉電的樣貌。而測量是捕捉電的樣貌時不可或缺的工作。

▼ 電的樣貌(檢測對象)有哪些面向

電壓、電流、電功率(有效功率、無效功率)、電能、功率因數、相位差、頻率、失真率、諧波含有率
電阻、電感性阻抗、電容性阻抗、電容率、磁導率
磁場、電場

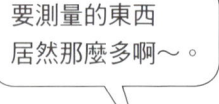

要測量的東西居然那麼多啊~。

如前所述,檢測對象相當多,而且還可以再分成直流電或交流電、微弱訊號或大電力等不同情況,選擇相當多。以下來看看代表性的電壓與電流測量。

電壓、電流的測量方法

電壓可以想像成水的水位差,電流可以想像成水流量,測量它們也是差不多的概念。也就是說,測量電壓時,伏特計需要並聯相接,測量少量分流的電;測量電流時,安培計需要串聯相接,使所有電流通過安培計。

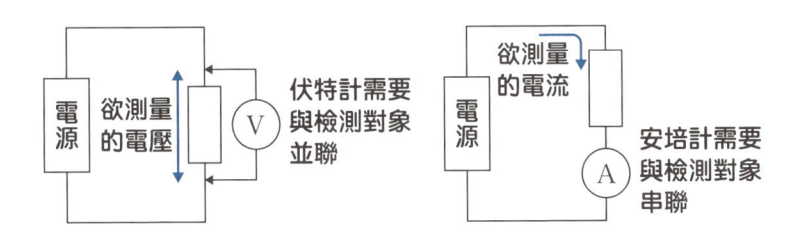

```
電源 ─ 欲測量的電壓 ─ (V) 伏特計需要與檢測對象並聯

電源 ─ 欲測量的電流 ─ (A) 安培計需要與檢測對象串聯
```

檢測器本身的誤差

如果想降低檢測器的誤差,需要比較該檢測器與已知無誤差之檢測器的檢測結果,以篩選出誤差較小的檢測器,或者依此調整檢測值。在日本,如果是交易場合的檢測工作,則需要使用依照《計量法》通過檢定的「特定計量器」才行。

日本國家計量標準供給制度為檢測器的精密度提供了保證,可證明檢測器與國家唯一之特定標準器一致(擁有可追溯性)。調整某檢測器,使之與標準器的數值一致,這個過程稱為**校正**。

```
特定標準器 (全國僅1個) →校正→ 特定二次標準器 →校正→ 基 準 器 →校正→ 實際使用的檢測器
```

▲ 可追溯性的例子

精密度等級指的是類比檢測器在最大刻度時，**檢測誤差**在多少％以內。

等級	0.2級	0.5級	1.0級	1.5級	2.5級
容許誤差	±0.2％	±0.5％	±1.0％	±1.5％	±2.5％
名稱	特別精密級	精密級	準精密級	普通級	準普通級

> 檢測器的價值並非只用精密度衡量，價格、是否牢固、是否需要輔助電源等，都是考量的因素。如果是為了監視機器是否正常運作之類的用途，2.5級就相當足夠了。

檢測器誤差以外的檢測誤差

接上檢測器後，即使**檢測器誤差**為零，還是有可能出現電壓或電流的變化，進而產生誤差。

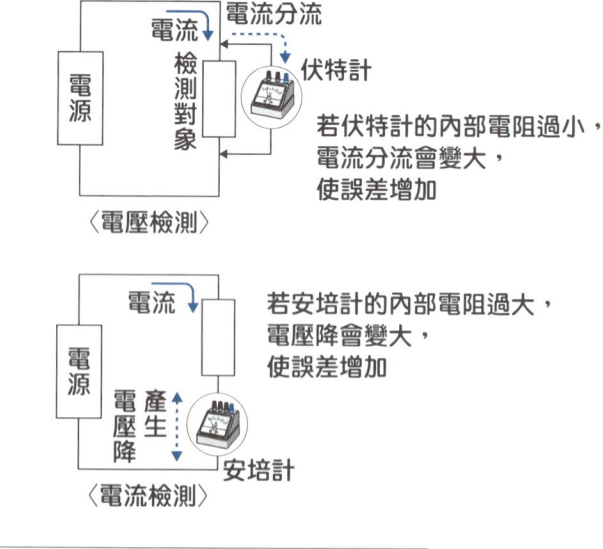

〈電壓檢測〉

若伏特計的內部電阻過小，電流分流會變大，使誤差增加

〈電流檢測〉

若安培計的內部電阻過大，電壓降會變大，使誤差增加

> 光是接上檢測器這個動作，就會改變電壓或電流，進而產生誤差，這就是所謂的「觀測者效應」喔。

嗯～真傷腦筋。

下例為測量一個電阻值很大的電阻兩端的電壓。

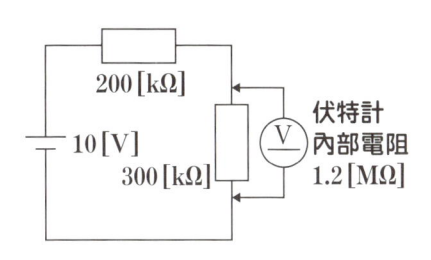

接上伏特計前,電壓的真實值如下:

$$10\frac{300\text{k}}{200\text{k}+300\text{k}} = 6.0[\text{V}]$$

接上伏特計後,並聯的電阻值如下:

$$\frac{300\text{k} \times 1.2\text{M}}{300\text{k}+1.2\text{M}} = 240[\text{k}\Omega]$$

檢測值如下:

$$10\frac{240\text{k}}{200\text{k}+240\text{k}} = 5.5[\text{V}]$$

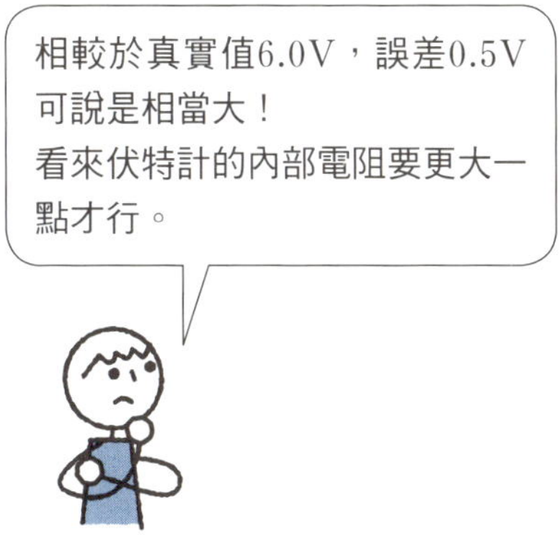

相較於真實值6.0V,誤差0.5V可說是相當大!
看來伏特計的內部電阻要更大一點才行。

擴大檢測範圍

有多個檢測範圍的檢測器,內部有倍增器或分流器。若改變檢測範圍,便可檢測範圍廣達10倍、100倍的數值。

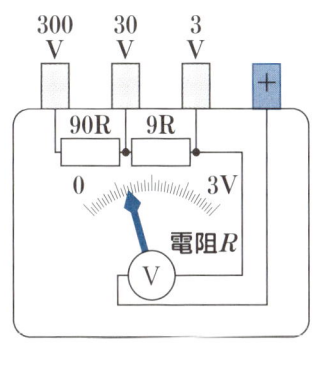

〈伏特計與倍增器〉 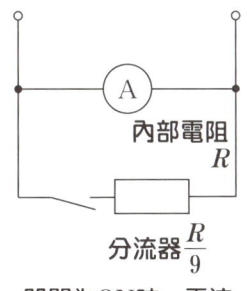　　〈安培計與分流器〉

開關為ON時,電流檢測範圍變為10倍

5　瞭解電的樣貌——測量電力

83

瞭解電的樣貌　　　　　　　　　驅動力矩　有效值　平均值

25 智慧與工藝的結晶——類比檢測器的結構與種類

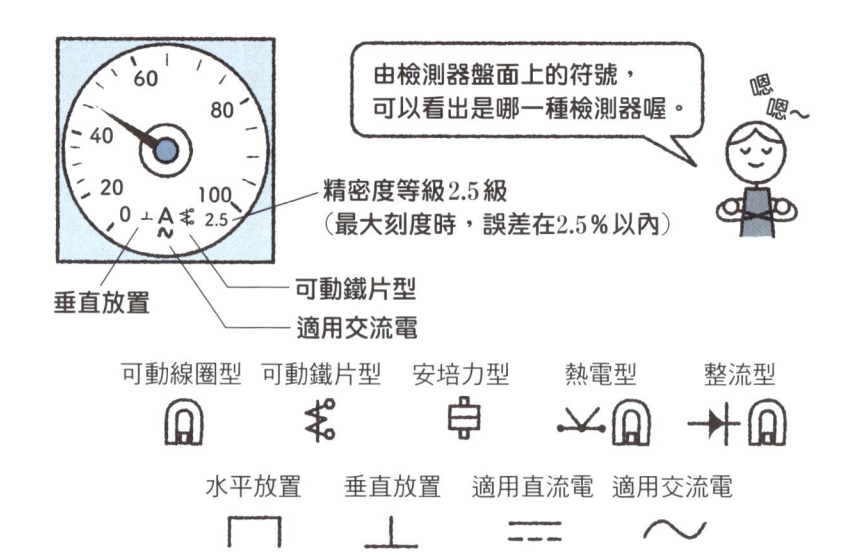

由檢測器盤面上的符號，可以看出是哪一種檢測器喔。

精密度等級2.5級
（最大刻度時，誤差在2.5％以內）

垂直放置
可動鐵片型
適用交流電

可動線圈型　可動鐵片型　安培力型　熱電型　整流型

水平放置　垂直放置　適用直流電　適用交流電

使用類比檢測器時，檢測對象的電會對檢測器施加力矩，使指針轉動，我們再讀取指針的刻度得到數值。

類比檢測器由以下3個要素構成。

（1）驅動裝置

　　檢測對象的電壓或電流可產生**驅動力矩**，使指針轉動，指針轉動幅度會隨著電壓或電流的大小而改變。

（2）控制裝置

　　驅動力矩使指針轉動到檢測值的對應位置時，控制力矩可讓指

針停在該處，這時會用到發條彈簧或游絲（緊帶）。

（3）制動裝置

制動力矩可讓指針轉到目標數值時迅速停下來。制動裝置會用到薄板葉片所產生的空氣阻力，或是油的黏性等。

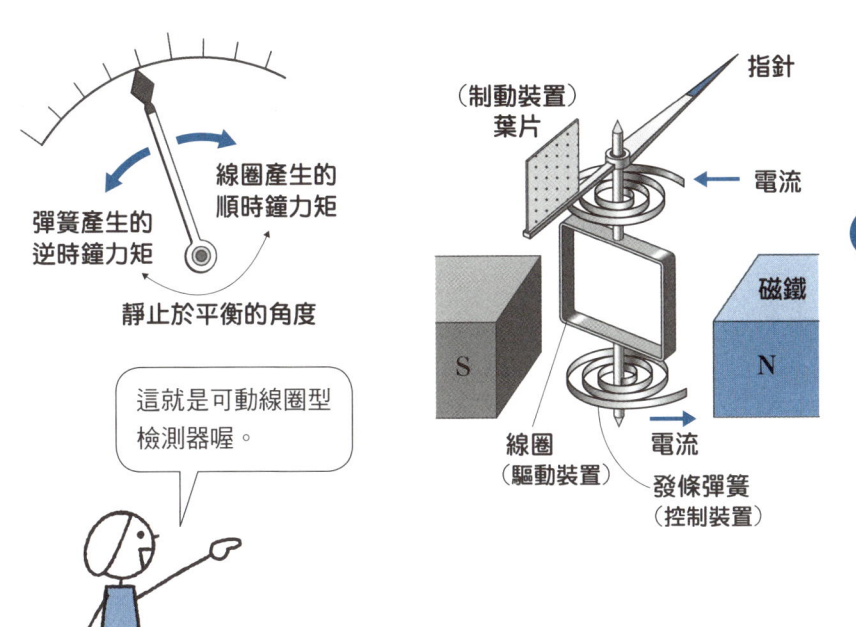

這就是可動線圈型檢測器喔。

類比檢測器可依照**驅動力矩的產生原理**分成許多類別，使用者須依照檢測對象選擇適合的檢測器。

可動線圈型檢測器

在由永久磁鐵產生的固定磁場中放置可動線圈，電流通過時可產生驅動力矩推動指針。在類比檢測器中，可動線圈型檢測器的敏感度與精密度最高，用途也最廣。

可動線圈型檢測器只能用於檢測直流電，可以檢測出波形的**平均值**。

可動鐵片型檢測器

電流通過固定線圈之後會產生磁場，使可動鐵片與固定鐵片磁化，並藉由兩者間的驅動力矩讓指針轉動。由此可檢測出波形的**有效值**（**參照**⑮）。精密度比可動線圈型差，但較為牢固且便宜，主要用於商用交流電源的檢測。

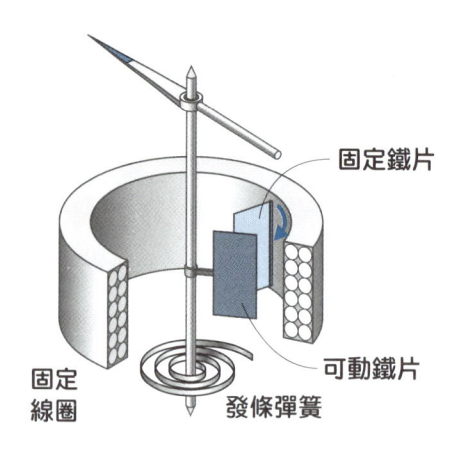

固定鐵片
可動鐵片
固定線圈
發條彈簧

> 電流不會通過可動部分，所以較為牢固。

安培力型檢測器

使電流通過固定線圈與可動線圈，2種線圈之間可產生驅動力矩使指針轉動。直流電、交流電皆能使用這種檢測器，可檢測出波形的**有效值**。

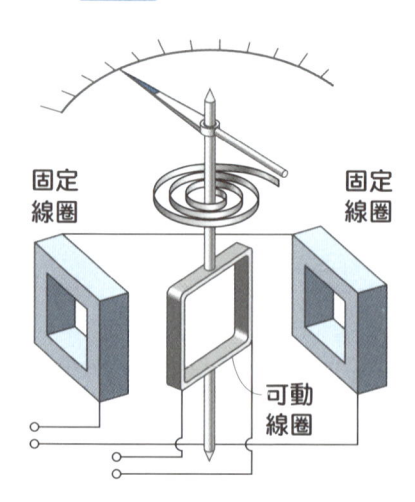

固定線圈
固定線圈
可動線圈

> 通過固定線圈的電流與通過可動線圈的電流，兩者的乘積有多大就會產生多大的驅動力矩，可依此檢測電功率。

熱電型檢測器

讓檢測對象的電流通過熱線，產生的熱可形成熱電偶並轉換成電動勢，再經由可動線圈型檢測器檢測出來。直流電與交流電皆適用，且較不易受頻率影響，適合用於檢測高頻率的電流。可檢測出波形的**有效值**。

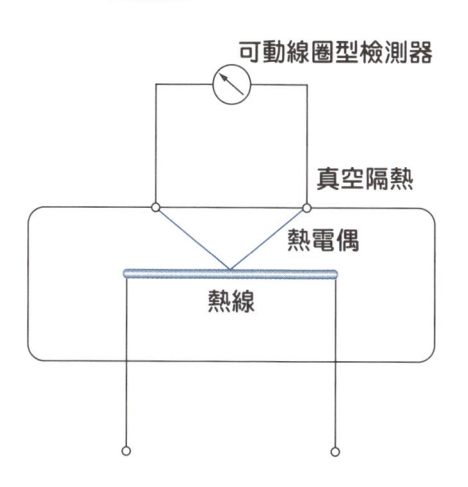

可動線圈型檢測器
真空隔熱
熱電偶
熱線

熱電偶在溫度改變時會產生電動勢喔。

整流型檢測器

將交流電整流為直流電，再用可動線圈型檢測器檢測。在交流電用檢測器中，整流型檢測器的敏感與精密度最高。可檢測出波形的**平均值**。

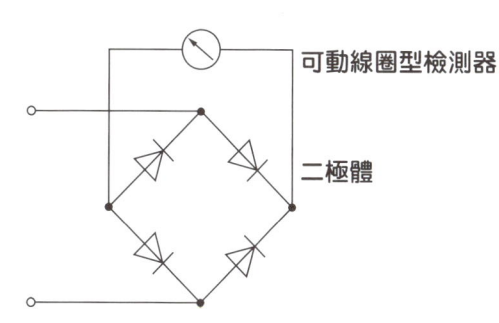

可動線圈型檢測器
二極體

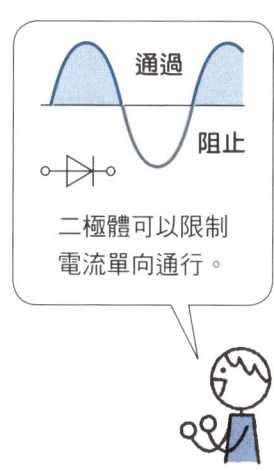

通過
阻止

二極體可以限制電流單向通行。

瞭解電的樣貌

畸變波　有效值　平均值

26 冷知識？—— 測量畸變波時須注意的重點

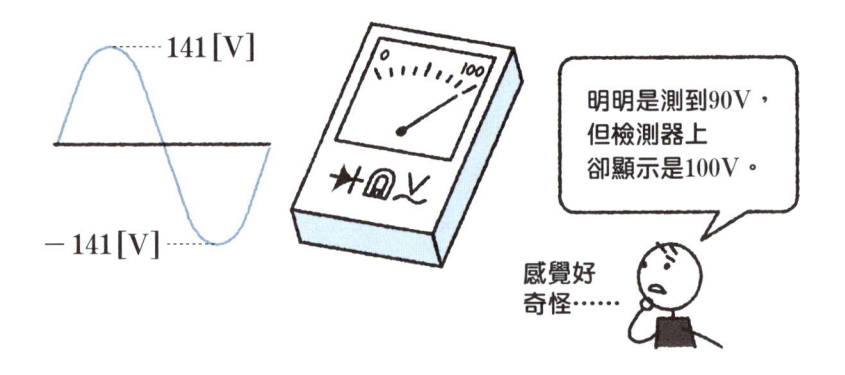

141[V]

−141[V]

明明是測到90V，但檢測器上卻顯示是100V。

感覺好奇怪……

　　檢測三角波或方波等波形與正弦波有顯著差異的**畸變波**時，會碰到有趣的現象。讓我們先談談 ㉕ 中說明各種檢測器時提到的「可檢測出**有效值**」、「可檢測出**平均值**」的意義（參照 ⑮）。

　　測量未畸變的100[V]正弦波交流電（最大值141[V]、有效值100[V]）時，不管是哪一種檢測器，都會顯示有效值100[V]。不過，檢測出平均值的整流型檢測器，實際檢測到的數值是最大值141[V]的 $\frac{2}{\pi}$ 倍，也就是90[V]（即平均值）。廠商會在盤面上的這個位置標示100[V]，讓使用者看起來是檢測出有效值。

方波的最大值、有效值、平均值皆相等。如果使用不同的交流伏特計檢測方波,便會得到不同的檢測值。

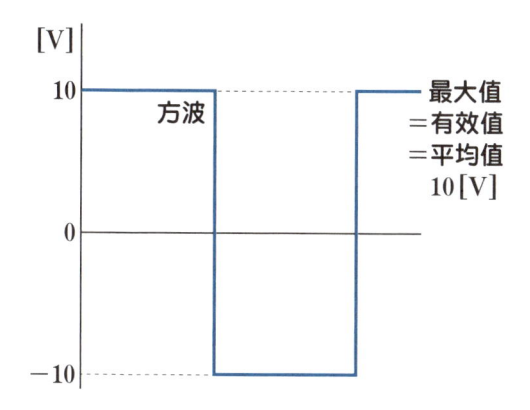

	檢測器檢測出來的電壓	盤面上顯示的數值
檢測出有效值的檢測器 (可動鐵片型、熱電型)	10[V]	10[V]
檢測出平均值的檢測器 (整流型)	10[V]	11.1[V]

數位檢測器每間隔一段極短的週期,便會擷取輸入波形的資訊(稱為取樣)(參照 36),然後分別檢測這些位置的幅度。經過數位運算後,檢測器會求算出這些數值的平方平均值,即使波形扭曲也能顯示出正確的**有效值**。

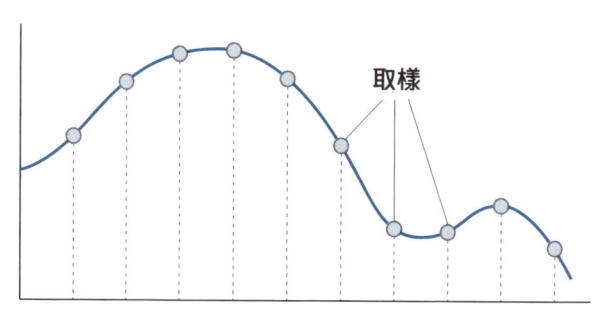

數位檢測器每隔一段時間便會取樣,經運算後求出有效值

瞭解電的樣貌

電功率　驅動力矩　電能

27 如何決定電費 ——電功率與電能的測量方法

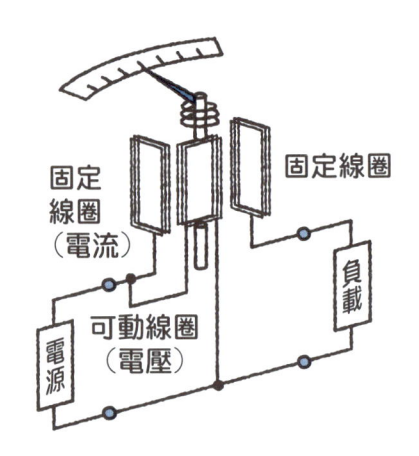

固定線圈（電流）

固定線圈

可動線圈（電壓）

電源

負載

因為有固定線圈與可動線圈，所以能檢測電流與電壓的乘積。

很厲害對吧！

電功率需要由**電壓與電流的乘積**求出（參照 ⑤）。所以在測量電功率的時候，需要測量電流與測量電壓的檢測器。安培力型檢測器內含有固定線圈與可動線圈，將電流輸入至固定線圈，將電壓輸入至可動線圈，得到的**驅動力矩**就相當於兩者的乘積。

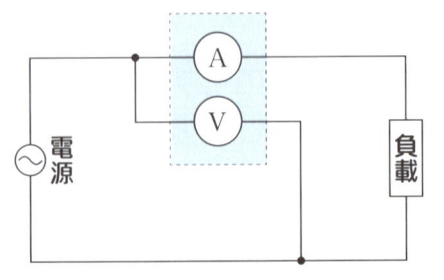

電源　A　V　負載

▲ 瓦特計的接線方法

檢測交流電的功率時，如果電壓與電流的相位相同，將其調整到會產生力矩的狀態，便可測量有效功率；如果相位差為 $\frac{\pi}{2}$，將其調整到會產生力矩的狀態，便可測量無效功率。

檢測三相交流電的功率時，即使手邊沒有3個單相瓦特計也沒關係。如果少1個瓦特計，在只有2個單相瓦特計的情況下，也可以正確檢測出三相交流電的功率。這種方式稱為二瓦特計法。

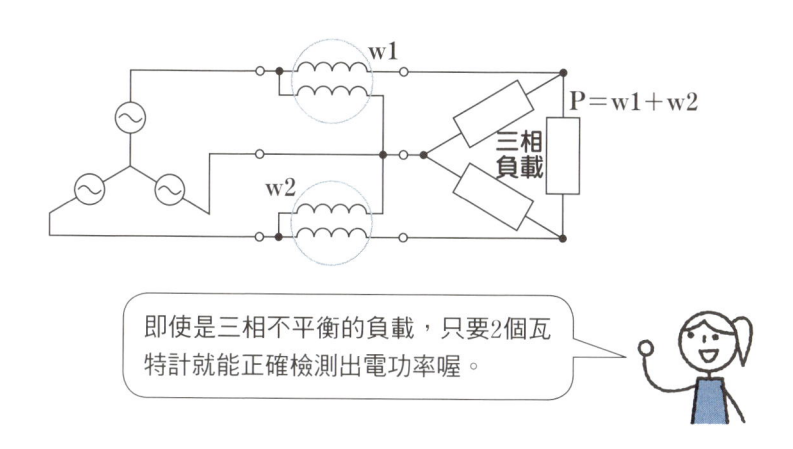

即使是三相不平衡的負載，只要2個瓦特計就能正確檢測出電功率喔。

電能為瞬間的電功率隨著時間加總（積分）之後所得到的結果（參照 ⑤）。而瓦時計就像瓦特計一樣，會產生相當於電壓與電流之乘積的驅動力矩，不過瓦時計會利用這種驅動力矩轉動圓盤，將每個瞬間的電功率隨著時間加總起來，所以計算旋轉幅度就可以得到消耗的電能。

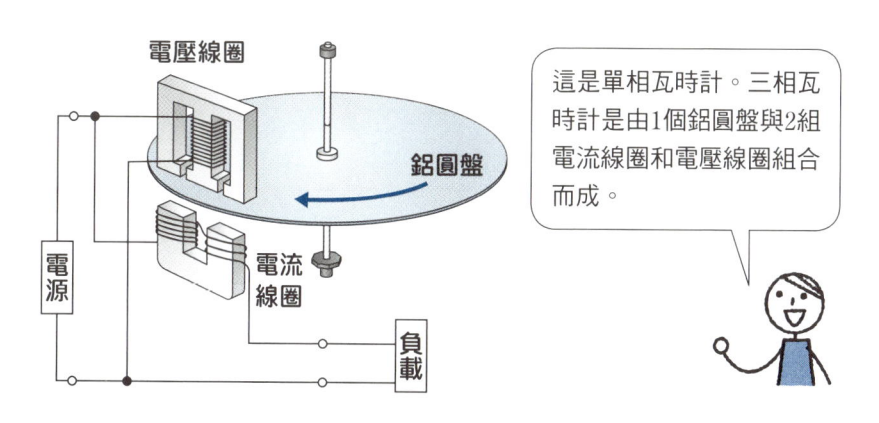

這是單相瓦時計。三相瓦時計是由1個鋁圓盤與2組電流線圈和電壓線圈組合而成。

電的路徑

二端子法　四端子法　接地電阻

28 用不同方法測量不同對象——電阻的測量

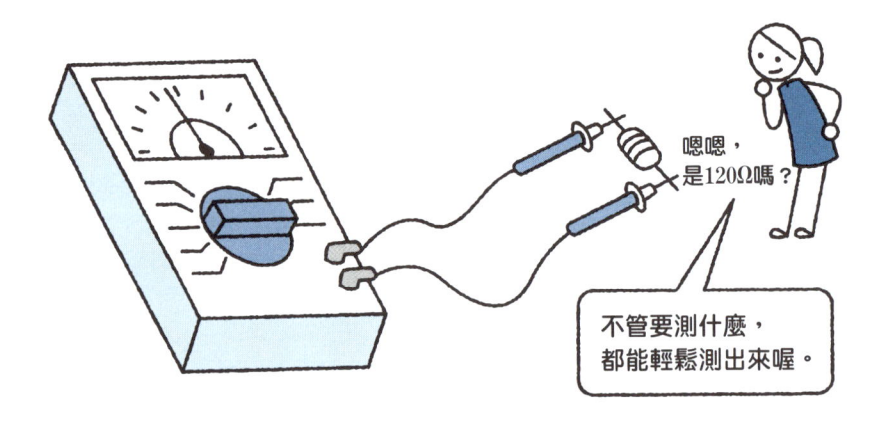

嗯嗯，是120Ω嗎？

不管要測什麼，都能輕鬆測出來喔。

二端子法與四端子法

二端子法是一種測量電阻值時相當簡便的方法。使用定電流源讓檢測對象的電流固定，然後檢測兩端的電壓。伏特計的刻度如果為 $\frac{電壓}{電流}$ 之數值，便可**直接讀取出電阻值**。若是檢測對象的電阻值太小，就會在連接待測電阻之接腳線的電阻影響下，**放大檢測誤差**。

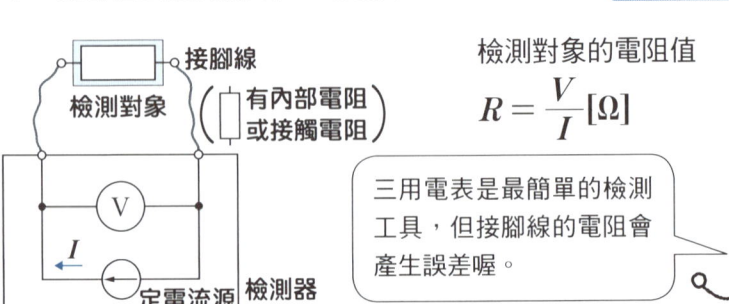

接腳線
檢測對象
有內部電阻或接觸電阻
定電流源　檢測器

檢測對象的電阻值
$$R = \frac{V}{I} [\Omega]$$

三用電表是最簡單的檢測工具，但接腳線的電阻會產生誤差喔。

伏特計與安培計所使用的四端子法，可**幾乎排除接腳線的電阻造成的影響**。

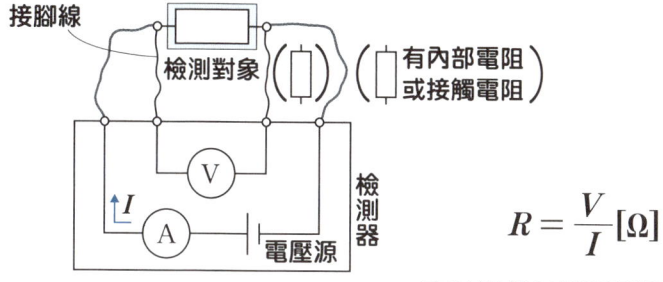

$$R = \frac{V}{I} [\Omega]$$

原來如此！這個方法真好。

- 安培計的接腳線電阻不會影響檢測結果。
- 由於伏特計的內部電阻相當高，因此伏特計的接腳線電阻幾乎不會影響檢測結果。

惠斯登電橋

不管是二端子法還是四端子法，伏特計與安培計本身的檢測誤差都會影響電阻值的檢測誤差。這時就會利用惠斯登電橋，讓我們能在幾乎不受檢測誤差的影響下檢測電阻值。

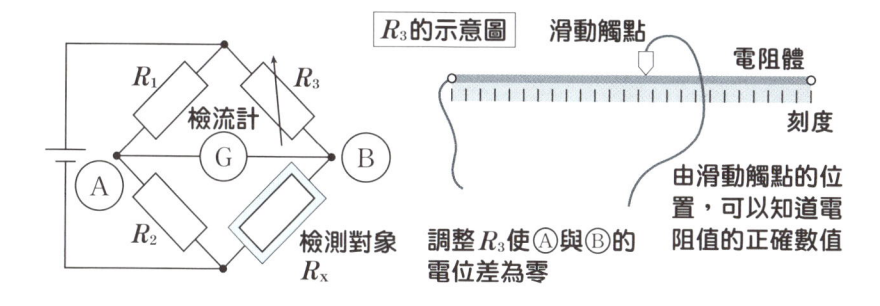

設 R_1、R_2、R_3 為已知電阻值的電阻，其中 R_3 為可變電阻，能夠藉由轉動轉盤等裝置改變其電阻至想要的數值。將 R_3 調整至使 A 點與 B 點的電位差為零後，等式 $R_1 : R_2 = R_3 : R_x$ 成立，因此

可求得未知電阻 R_x 的值為 $R_\mathrm{x} = \dfrac{R_2 R_3}{R_1}\,[\Omega]$。

在電位差為0的平衡狀態下,檢流計不會有電流通過,因此這時檢流計的內部電阻幾乎不會影響到檢測誤差。

接地電阻的檢測

如果要安全使用電力設備與各種電器,**接地**為必要動作。如果要確認設備是否有接觸大地,需要檢測**接地電阻**。

簡易檢測器為**四端子法**的應用,檢測時會將通以電流的輔助極與測量電壓的輔助極分開,以免輔助極的電阻影響到接地電阻。此時會在檢測對象的接地極與大地之間通以電流,然後檢測電壓降,以求出電阻值。

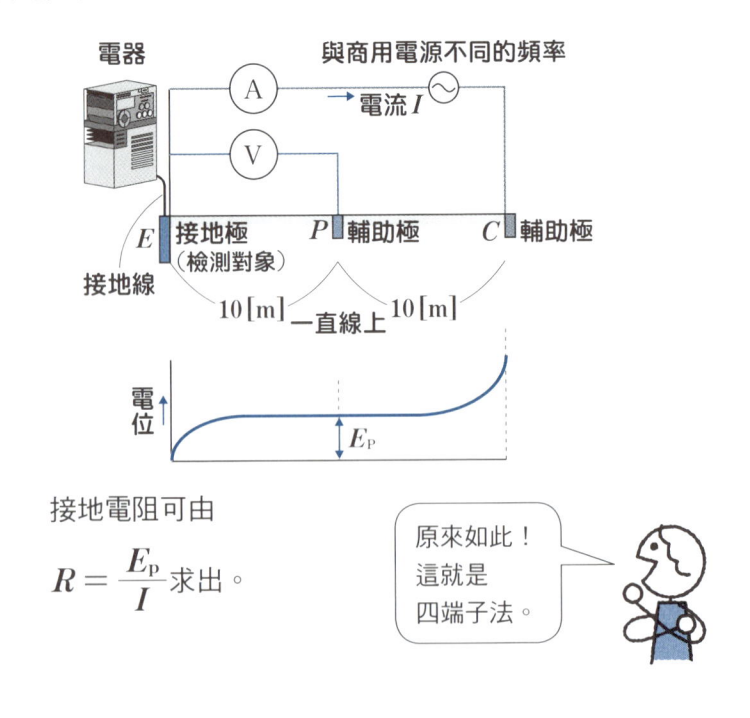

接地電阻可由

$$R = \dfrac{E_\mathrm{P}}{I}\ \text{求出。}$$

大規模的大樓或變電所，為了降低接地電阻會埋設廣大的網狀接地電極。此時就必須在距離接地電極足夠遠的地方測量電位差，才能檢測出接地電阻。

在距離網狀接地電極邊長4～5倍遠的地方打入輔助電極，為了避免檢測用電流造成電磁感應，在另一端的300～600[m]處設置基準電極，然後檢測基準電極與網狀接地電極之間的電壓，以求出接地電阻。因為需要高達20～30[A]的電流，所以應該反轉電流極性，排除商用電源的離散感應電壓影響再測量電壓，透過計算求出真正的電壓值。

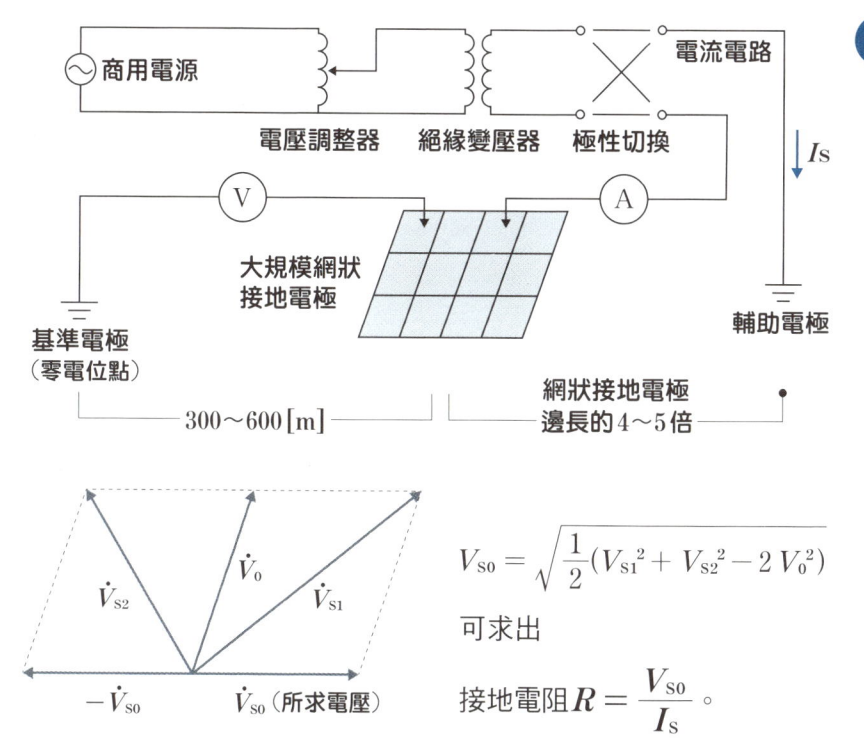

$$V_{S0} = \sqrt{\frac{1}{2}(V_{S1}^2 + V_{S2}^2 - 2V_0^2)}$$

可求出

接地電阻 $R = \dfrac{V_{S0}}{I_S}$。

V_0：接通測定用電流前檢測到的離散感應電壓
V_{S1}、V_{S2}：切換電流極性後檢測到的電壓

電路的構成要素

變壓器 電容器

29 高電壓、大電流的測量工具 —— 檢測器用變換器

不能直接檢測喔!!

如果要在檢測高電壓、大電流等電力系統裝置時確保安全，需要使用與主電路絕緣，並可將主電路的電壓或電流轉換成易操作強度的「檢測器用變換器」。

電流用的變換器稱為**比流器**（Current Transformer，簡稱 **CT**）。作為電流測定對象的主電路貫穿了比流器的環狀鐵芯，環狀鐵芯上則纏繞著二次線圈，原理同**變壓器**。

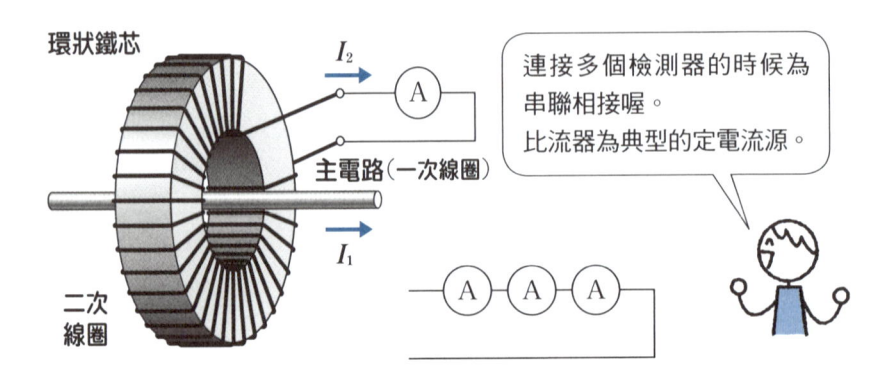

環狀鐵芯

I_2

A

主電路（一次線圈）

I_1

二次線圈

連接多個檢測器的時候為串聯相接喔。
比流器為典型的定電流源。

若比流器比值為 $\frac{2,000}{5}$，當主電路的電流為 $I_1 = 2,000[\mathrm{A}]$ 時，二次側電流為 $I_2 = 5[\mathrm{A}]$。一般會準備 $\frac{800}{5}$、$\frac{1,200}{5}$、$\frac{2,000}{5}$ 等多種比值的比流器。當主電路的電流為額定電流時，必須選擇二次側電流不超過5[A])的比流器。

如果主電路出現短路等故障時，便會產生數十倍於額定電流的大電流，所以比流器要有足以承受大電流的強度，並擁有正確轉換大電流的性能。

比流器的二次側必須在短路狀態下使用。若不慎開路（斷路）會產生異常電壓，相當危險。

電壓用的變換器稱為**比壓器**（Voltage Transformer，簡稱 **VT**）。一次側會施加6.6[kV]、66[kV]、275[kV]等額定電壓，再依照適當的匝數比，使二次側電壓為110[V]。除了**變壓器**類型的VT之外，以**電容器**方式分壓的**電容型比壓器**（Capacitor Voltage Transformer，簡稱**CVT**）的應用也相當廣。若VT與CVT的二次側短路會產生很大的電流，相當危險。

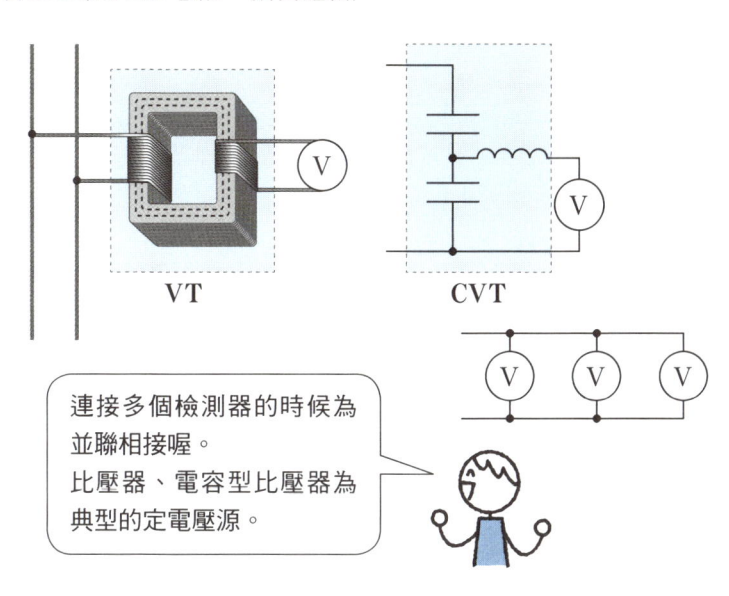

VT

CVT

連接多個檢測器的時候為並聯相接喔。
比壓器、電容型比壓器為典型的定電壓源。

Chapter 6

電在資訊上的應用──聲音訊號電路

從愛迪生的留聲機與貝爾的電話機開始,在傳遞資訊上的應用與在能源上的應用,同為電的兩大應用。在 Chapter 6 中,我們會簡單介紹電在傳遞聲音訊號等資訊時的應用。

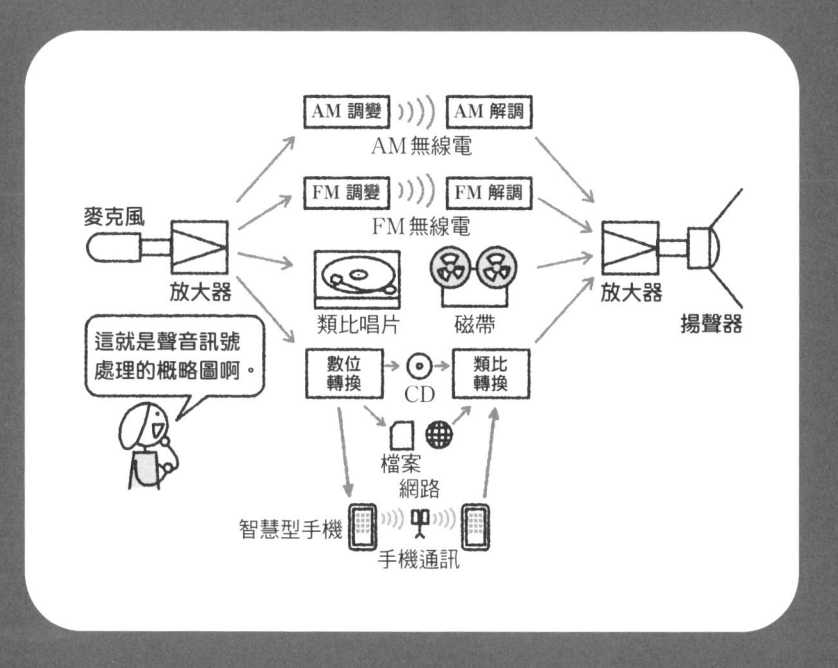

```
麥克風 → 放大器 →
    ├→ AM 調變 ))) AM 解調 → 
    │      AM 無線電
    ├→ FM 調變 ))) FM 解調 →
    │      FM 無線電
    ├→ 類比唱片   磁帶 →
    └→ 數位轉換 → CD → 類比轉換 →
           ↓
         檔案 網路
         智慧型手機 ))) 手機通訊
                              → 放大器 → 揚聲器
```

這就是聲音訊號處理的概略圖啊。

聲音訊號的特徵 | 八度 / 分貝 / 對數

30 聲音訊號是加倍遊戲 ── 用來表示聲音強度的分貝

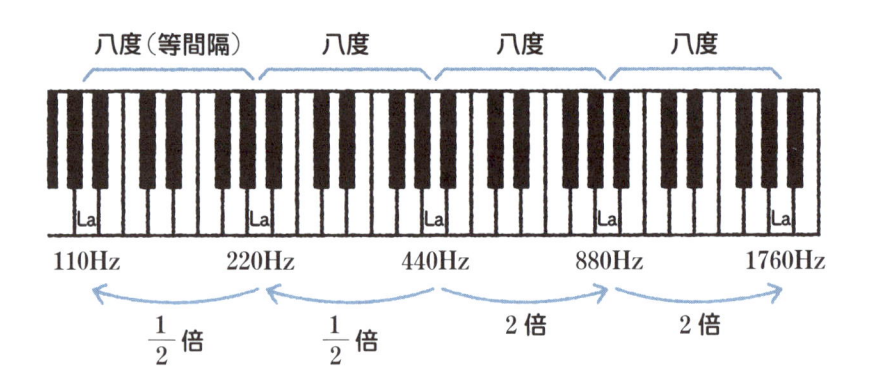

八度（等間隔） 八度 八度 八度

La　　　　La　　　　La　　　　La　　　　La
110Hz　　220Hz　　440Hz　　880Hz　　1760Hz

$\frac{1}{2}$ 倍　$\frac{1}{2}$ 倍　2 倍　2 倍

聲音訊號也是一種交流電。將聲音、音樂轉換成電的聲音訊號再傳遞出去，屬於電信領域的研究內容，是電路的重要應用領域，已有很長的發展歷史。聲音訊號為交流電，但波形與頻率並不規則。包含音樂在內的聲音訊號，人耳聽得到的頻率僅限於20～2萬[Hz]左右。

音程與頻率

人耳聽起來相差 n 個**八度**的聲音，**頻率**相差 2 的 n 次方倍。例如相差 2 個八度，頻率則相差 4 倍。

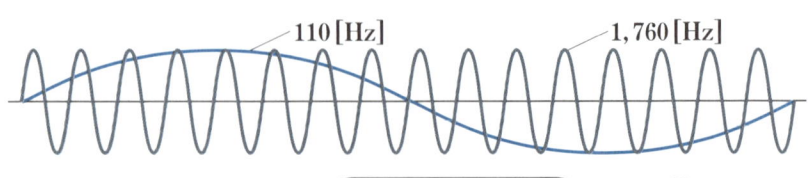

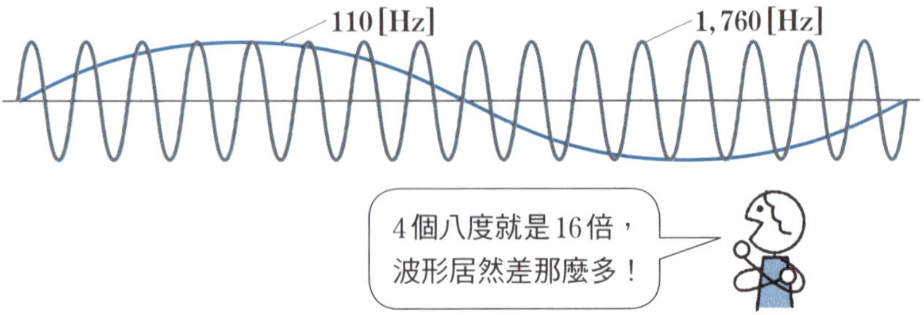

110[Hz]　　　　1,760[Hz]

> 4個八度就是16倍，波形居然差那麼多！

100

聲音的強度

聲音的本體是空氣壓力變化所形成的疏密波。聲音強度的單位為**分貝**[dB]。原本分貝的意思是某個基準的多少倍,也就是表示相對大小的單位。在表示聲音強度的時候,則是以人類能聽到的最小音量之壓力20[μPa](微帕)為基準,計算某聲音的聲壓為基準的多少倍,進而得到該聲音的分貝數。這種用來表示**聲壓**的分貝稱為dB SPL(Sound Pressure Level)。聲壓等級dB SPL是以10為底的**常用對數**,再乘上係數20。

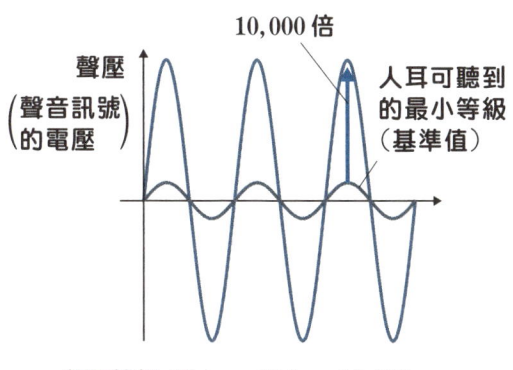

10,000 倍

聲壓
(聲音訊號)
的電壓

人耳可聽到
的最小等級
(基準值)

音程相同,
音量不同時,
波形也會差很多喔!

$$聲壓等級\, dB_{SPL} = 20 \log_{10} 10{,}000$$
$$= 20 \times 4 = 80 [dB]$$

聲壓等級 [dB_{SPL}]	日常生活中的例子
100	電車通過高架橋時的橋下、汽車喇叭
80	電車車內、鋼琴
60	一般對話、鐘聲
40	圖書館、安靜的住宅區
20	樹葉彼此摩擦的聲音、講悄悄話

以分貝這種**對數**方式表示音量大小,只要用幾個位數就能涵蓋很大的範圍,相當簡潔有力,十分適合用來表示人類聽覺範圍內的音量。

電與聲音的轉換　　　　　　　　　　　　　　　　磁場　電極

31 連結電與聲音的世界 ── 麥克風與揚聲器

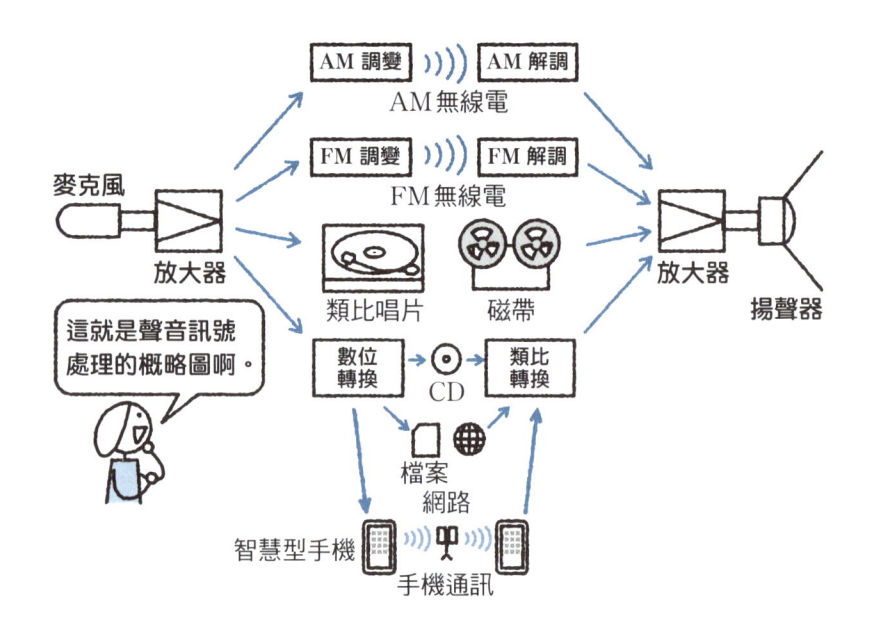

圖中元件：麥克風 → 放大器 → AM調變))) AM解調（AM無線電）／FM調變))) FM解調（FM無線電）／類比唱片／磁帶／數位轉換 → CD → 類比轉換／檔案、網路／智慧型手機))) Ψ))) 手機通訊 → 放大器 → 揚聲器

這就是聲音訊號處理的概略圖啊。

麥克風可以將聲音轉換成電訊號，揚聲器可以將電訊號轉換成聲音。連結聲音世界與電的世界的麥克風與揚聲器，各有2種類型。

動圈式

將與**振膜**相連的線圈導體置於由永久磁鐵產生的**磁場**中。麥克風收錄聲音的原理為 ⑦（電與磁）中所提到的「磁通量的變化與所產生的電壓成正比」；揚聲器發出聲音的原理則是「磁場強度及電流強度與所產生的力成正比」。

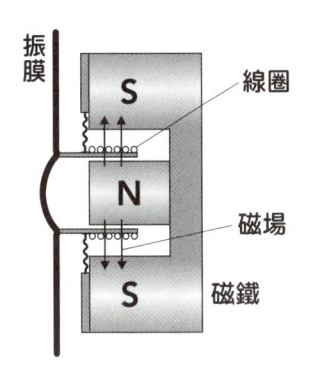

[麥克風] 空氣壓力的波使振膜前後運動,帶動線圈橫切過磁場,產生電流。

[揚聲器] 聲音訊號通過置於磁場中的線圈時會產生力,帶動振膜運動,使空氣振動。

和發電機與馬達的原理相同!
可以產生很大的音量,就像強壯且能力強的猛男。

電容式

電容式裝置的**電極**本身就當作**振膜**使用。因為需要在電極間施加數十～數百伏特的固定直流電壓,所以需要外部電源。

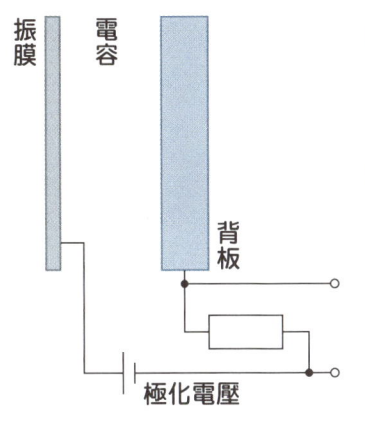

[麥克風] 空氣壓力的波使振膜前後運動,讓電容器的電容出現變化,產生充放電電流。

[揚聲器] 聲音訊號的電壓施加在電容器的電極上,讓極板間的靜電力出現變化,並使極板振動。

因為無法發出大音量,所以電容式揚聲器並不是很普及。
雖然較不耐外部振動與濕度變化,但是音質比較好,因此常用於工作室的麥克風。就像纖細的閨女一樣喔～。

悄悄說

能發出纖細歌聲,這是在稱讚嗎?

交流電的特徵

32 發揮線圈與電容器的本領
——頻率濾波電路

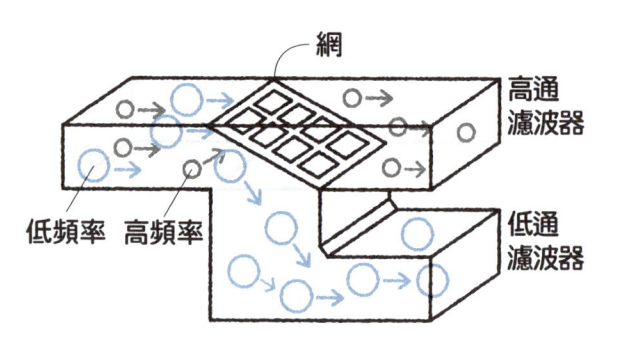

線圈　電容器　增益　截止頻率

（圖：高通濾波器、低通濾波器，低頻率、高頻率、網）

簡單來說，濾波器就像是用網子過濾喔。

聲音訊號涵蓋的頻率範圍很廣，有時我們會希望攔下不需要的頻率訊號，只讓所需頻率的訊號通過。這時就會用到高頻訊號較易通過的**電容器**，以及低頻訊號較易通過的**線圈**（參照 ⑯）。

只讓低頻訊號通過的電路稱為**低通濾波器**，只讓高頻訊號通過的電路稱為**高通濾波器**。

濾波電路的輸出電壓 $\dot{V}_{out}$ 與輸入電壓 $\dot{V}_{in}$ 的比例稱之為**傳遞函數**。這個傳遞函數是考慮到電壓相位的向量值，使用複數表示。另外，傳遞函數的振幅稱為**增益**。

104

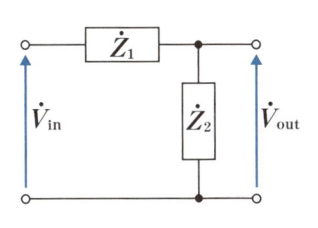

傳遞函數

$$\frac{\dot{V}_{\text{out}}}{\dot{V}_{\text{in}}} = \frac{\dot{Z}_2}{\dot{Z}_1 + \dot{Z}_2}$$

增益

$$\left|\frac{\dot{V}_{\text{out}}}{\dot{V}_{\text{in}}}\right| = \sqrt{\text{實部}^2 + \text{虛部}^2}$$

（傳遞函數的絕對值，即傳遞函數的）

增益通常用分貝來表示。

增益1（0dB）→完全通過
增益0（−∞dB）→完全攔下

$$\text{增益[dB]} = 20\log_{10}\left|\frac{\dot{V}_{\text{out}}}{\dot{V}_{\text{in}}}\right|$$

電阻與電容構成的RC低通濾波器、電阻與線圈構成的RL高通濾波器，傳遞函數與增益分別如下。

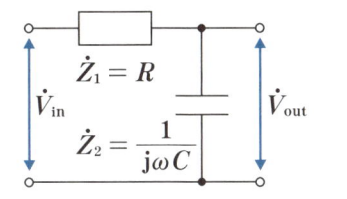

傳遞函數

$$\frac{\dot{V}_{\text{out}}}{\dot{V}_{\text{in}}} = \frac{\dot{Z}_2}{\dot{Z}_1 + \dot{Z}_2} = \frac{\frac{1}{\text{j}\omega C}}{R + \frac{1}{\text{j}\omega C}}$$

$$= \frac{1}{1 + \text{j}\omega CR}$$

增益

$$\left|\frac{\dot{V}_{\text{out}}}{\dot{V}_{\text{in}}}\right| = \frac{1}{\sqrt{1 + (\omega CR)^2}}$$

▲ RC低通濾波器

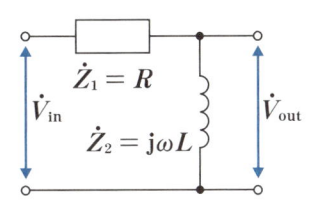

傳遞函數

$$\frac{\dot{V}_{\text{out}}}{\dot{V}_{\text{in}}} = \frac{\dot{Z}_2}{\dot{Z}_1 + \dot{Z}_2}$$

$$= \frac{\text{j}\omega L}{R + \text{j}\omega L}$$

增益

$$\left|\frac{\dot{V}_{\text{out}}}{\dot{V}_{\text{in}}}\right| = \frac{\omega L}{\sqrt{R^2 + (\omega L)^2}}$$

▲ RL高通濾波器

使增益為 $\dfrac{1}{\sqrt{2}}$（$-3[\mathrm{dB}]$）的頻率 f_c，稱為**截止頻率**。

> 由 $\dfrac{1}{\sqrt{1+(\omega CR)^2}} = \dfrac{1}{\sqrt{2}}$，可得 $1+(\omega CR)^2 = 2$
> $\omega = 2\pi f_\mathrm{c}$，因此 $(2\pi f_\mathrm{c} CR)^2 = 2-1$
> $f_c = \dfrac{1}{2\pi CR}$

$$f_\mathrm{c} = \dfrac{1}{2\pi CR}$$

▲ RC 低 通 濾 波 器

$$f_\mathrm{c} = \dfrac{R}{2\pi L}$$

▲ RL 高 通 濾 波 器

> 設 RC 低通濾波器中，
> $R = 680\,\Omega$、$C = 0.22\,\mu\mathrm{F}$，
> 則截止頻率為
> $f_\mathrm{c} = \dfrac{1}{2\pi CR} = \dfrac{1}{2\pi 680 \times 0.22 \times 10^{-6}} = 1{,}064\,\mathrm{Hz}$
> 對吧。

將增益$[\mathrm{dB}]\left(=20\log_{10}\left|\dfrac{\dot{V}_\mathrm{out}}{\dot{V}_\mathrm{in}}\right|\right)$畫成圖，可得到下圖。

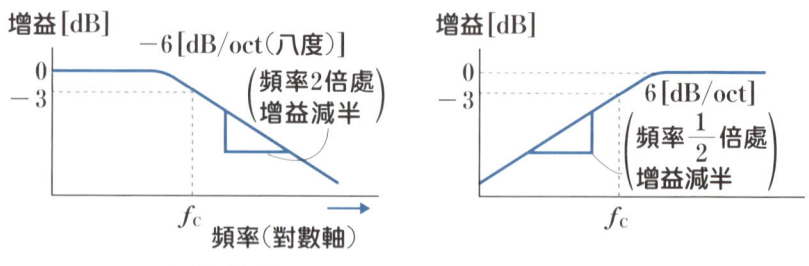

▲ RC 低 通 濾 波 器　　　　▲ RL 高 通 濾 波 器

　　通過濾波電路後，欲攔下之頻率帶的訊號被抑制，同時**相位**也出現變化。

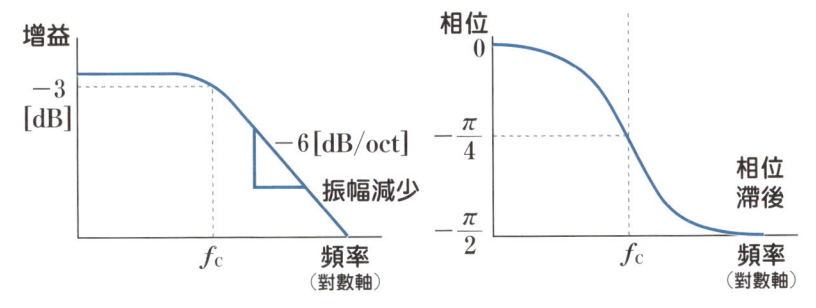

▲ RC低通濾波器

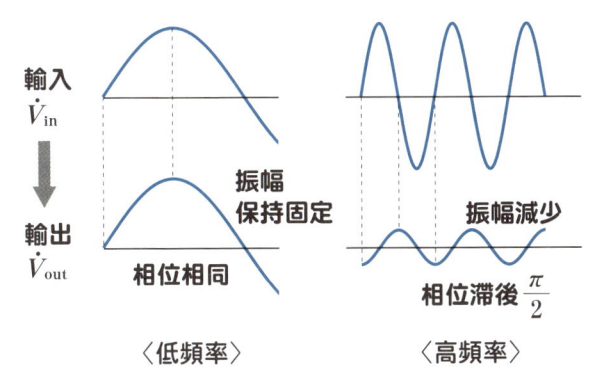

如果使用多個線圈或電容器，可以製作出擁有敏感攔截特性的濾波器，每隔一個八度，電壓振幅就降為 $\dfrac{1}{4}$，即 $-12[\mathrm{dB/oct}]$。

下圖為將高音與低音分別交由不同的揚聲器單體發聲的兩聲道揚聲器。各單體僅能在一定頻率範圍內得到良好的音質，因此需要插入能夠明確攔截特定頻率的濾波電路，再將聲音訊號分給各單體發聲。

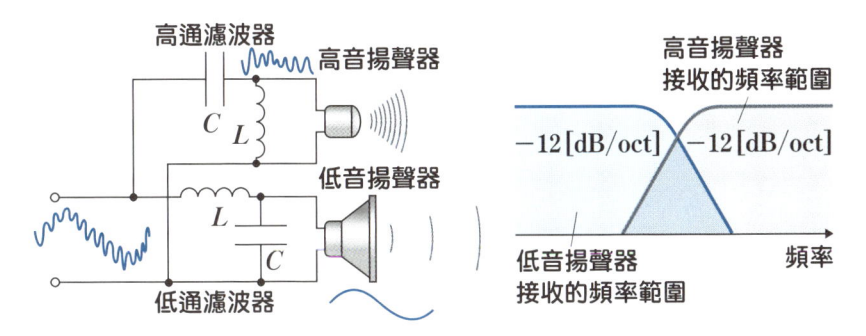

交流電的特徵

串聯諧振　並聯諧振

33 濾波電路的應用
　　—— LC諧振電路

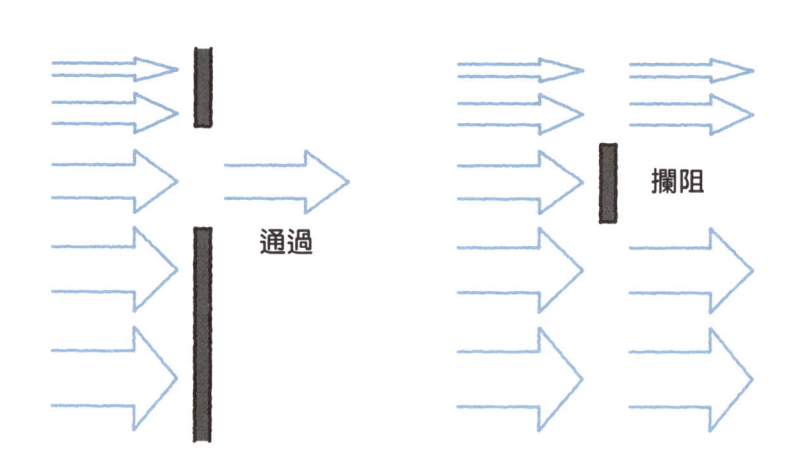

通過　　　　　　　　　　攔阻

在交流電路中，**線圈**可以讓低頻率的電流輕易通過，且電流相位較電壓滯後；**電容器**的性質則相反，可以讓高頻率的電流輕易通過，且電流相位較電壓超前（参照 ⑯）。如果將兩者串聯相接，便會讓特定頻率的電流阻抗特別低，呈現出**串聯諧振**的狀態。

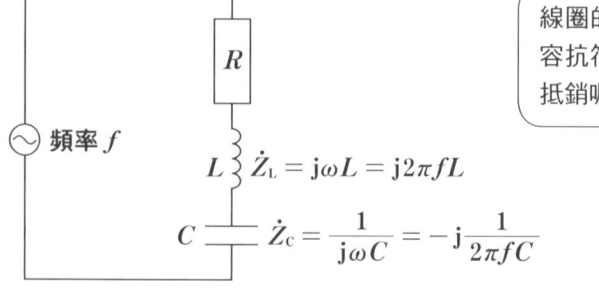

頻率 f

R

L　$\dot{Z}_L = j\omega L = j2\pi fL$

C　$\dot{Z}_C = \dfrac{1}{j\omega C} = -j\dfrac{1}{2\pi fC}$

線圈的感抗與電容器的容抗符號相反，會彼此抵銷喔。

設 f_0 為諧振頻率，因為 $\dot{Z}_L + \dot{Z}_C = 0$，
由 $j2\pi f_0 L - j\dfrac{1}{2\pi f_0 C} = 0$，可得 $f_0 = \dfrac{1}{2\pi\sqrt{LC}}$。

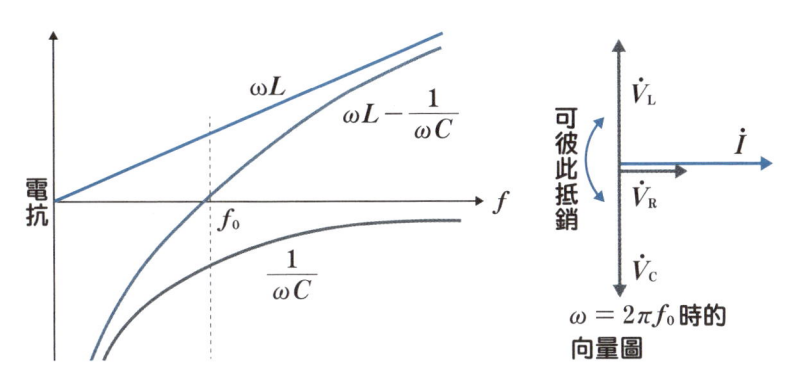

線圈與電容器並聯相接時，特定頻率的電流阻抗會特別大，呈現出**並聯諧振**的狀態。此時會有一定的電流在線圈與電容器之間來回流動，外部電流則無法流入。

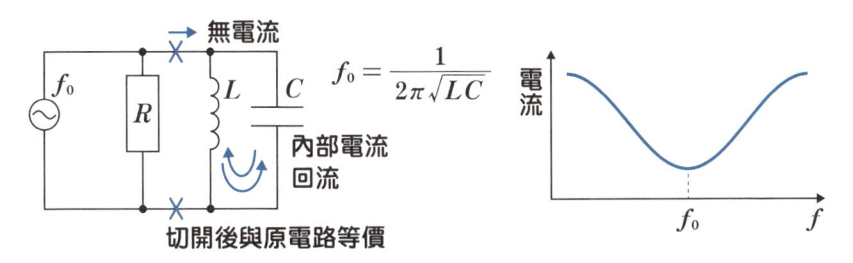

在無線電廣播中，不同的廣播電台會發射出不同頻率的無線電波。使用諧振電路，便可篩選出特定廣播電台所發射的無線電波頻率來收聽。

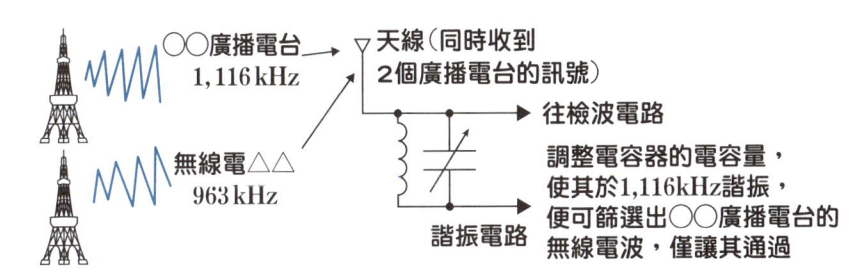

電路的構成要素　　　　　　　　　　　　　運算放大器　虛擬接地

34　聲音訊號處理的心臟 ——放大器的使用方式

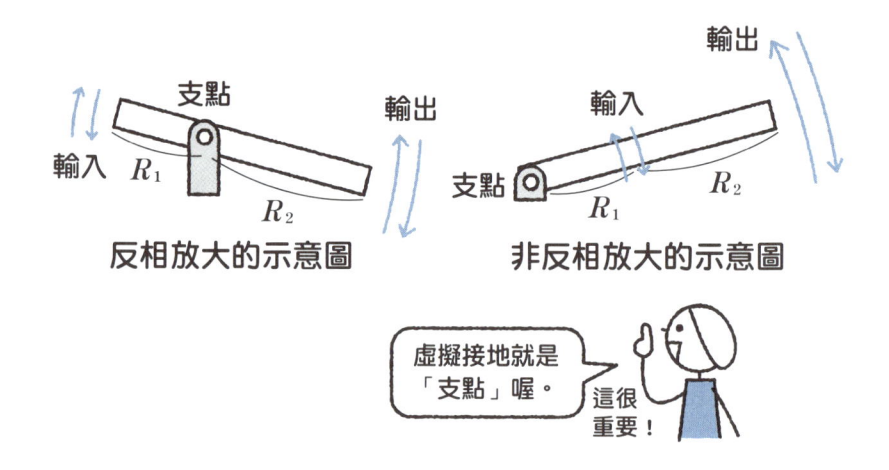

反相放大的示意圖：支點、輸入、輸出、R_1、R_2

非反相放大的示意圖：支點、輸入、輸出、R_1、R_2

> 虛擬接地就是「支點」喔。這很重要！

如果要將麥克風接收到的微弱聲音訊號透過揚聲器播放出來，需要在維持波形不變的狀況下，放大電壓或電功率。此時就會用到被稱為**理想放大器**的**運算放大器**。

運算放大器擁有 $V_{\text{out}} = G(V_{\text{in}^+} - V_{\text{in}^-})$ 的輸入輸出特性，增益（放大程度）G 為無限大。

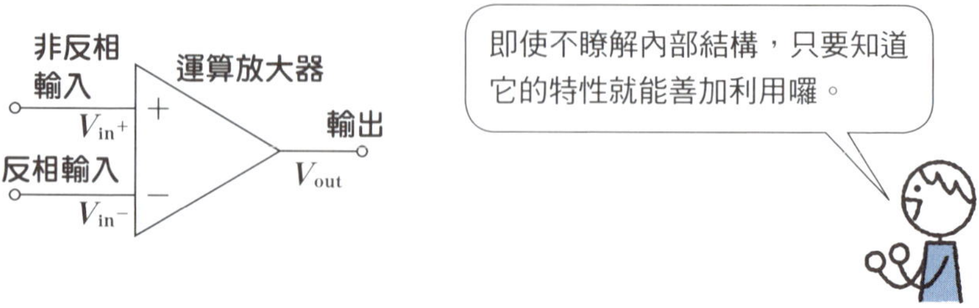

非反相輸入　運算放大器
V_{in^+}
反相輸入
V_{in^-}
輸出　V_{out}

> 即使不瞭解內部結構，只要知道它的特性就能善加利用囉。

110

運算放大器有以下3個特徵。
(1) 輸入阻抗為「無限大」(電流無法流入)
(2) 輸出阻抗為「零」(即使有接負載，輸出也不會變動)
(3) 可實現使2個輸入電位相同的**虛擬接地**

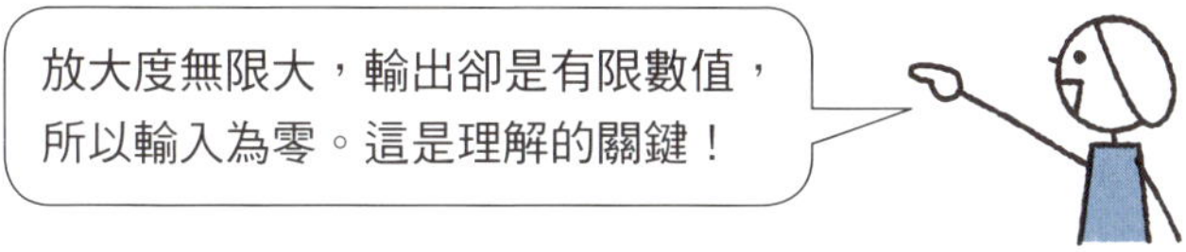

> 放大度無限大，輸出卻是有限數值，所以輸入為零。這是理解的關鍵！

反相放大電路

反相輸入的虛擬接地為零電位。通過 R_1 的電流 $I = \dfrac{E_{in}}{R_1}$ 會直接流到輸出端子，與輸出端子之間產生 $-IR_2$ 的電壓降，這個電壓就是 E_{out}。

增益 $\dfrac{E_{out}}{E_{in}} = -\dfrac{R_2}{R_1}$

非反相放大電路

非反相輸入的電壓為 E_{out} 的 $\dfrac{R_1}{(R_1+R_2)}$ 倍，這會等於虛擬接地的電壓，也就是 E_{in}。

增益 $\dfrac{E_{out}}{E_{in}} = \dfrac{R_1+R_2}{R_1}$

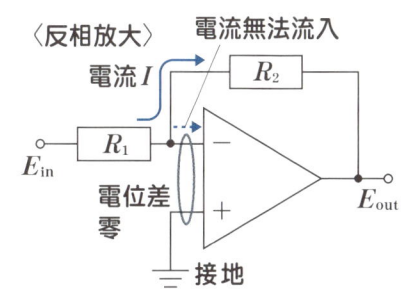

〈反相放大〉　　　　　　　　〈非反相放大〉

$\left.\begin{array}{l} R_1 = 1[\text{k}\Omega] \\ R_2 = 5[\text{k}\Omega] \end{array}\right)$ 且 $E_{in} = 2[\text{V}]$ 時

$E_{out} = -\dfrac{5}{1} \cdot 2 = -10[\text{V}]$

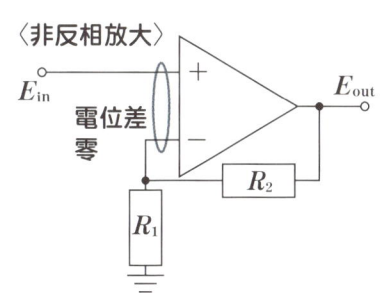

$\left.\begin{array}{l} R_1 = 1[\text{k}\Omega] \\ R_2 = 5[\text{k}\Omega] \end{array}\right)$ 且 $E_{in} = 2[\text{V}]$ 時

$E_{out} = \dfrac{1+5}{1} \cdot 2 = 12[\text{V}]$

聲音訊號的傳遞　　　　　　　　　　　　　電場　磁場　頻率

35 傳遞聲音訊號的常用工具——AM無線電與FM無線電

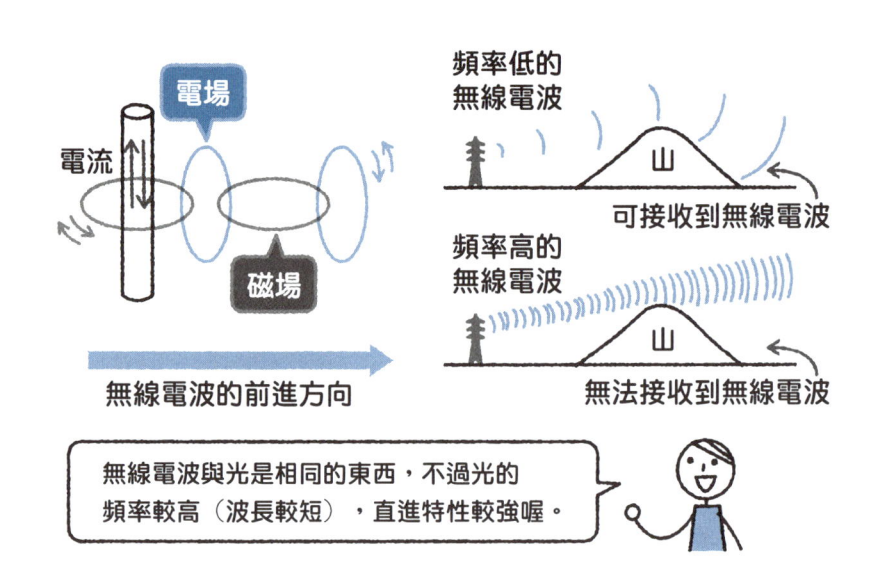

圖示說明：
- 電流、電場、磁場示意：無線電波的前進方向
- 頻率低的無線電波：可繞過山峰，可接收到無線電波
- 頻率高的無線電波：直線前進，無法接收到無線電波

> 無線電波與光是相同的東西，不過光的頻率較高（波長較短），直進特性較強喔。

使用無線電波的無線電廣播，是一種將聲音訊號傳遞到遠方的方法。無線電波是藉由**電場**與**磁場**的交替振盪傳遞訊號，與藉由空氣壓力傳遞的聲音不同，無線電波在真空中也能前進。如果是**頻率**較低的無線電波，可以繞過山峰抵達山的背側；然而如果是**頻率**較高的無線電波，直進特性較強，山的背側就無法接收到無線電波。

聲音訊號需要藉由無線電波送出，頻率適合傳遞訊號的無線電波叫做載波。AM與FM指的就是載波乘載聲音訊號的不同方式。

AM (Amplitude Modulation)

　　AM也叫做調幅，載波的振幅會隨著聲音訊號的波形而產生改變。在日本，AM無線電使用的是名為中波，頻率範圍為531～1,602[kHz]的無線電波（註：台灣的AM無線電使用的是頻率範圍為535～1,605[kHz]的無線電波），即使是山谷，電波也能輕易抵達，所以可在距離發送地很遠的地方接收到訊號。另一方面，其他電力裝置或雷電可能會打亂載波，使聲音訊號中出現雜訊，因此音質較差，為其一大缺點。

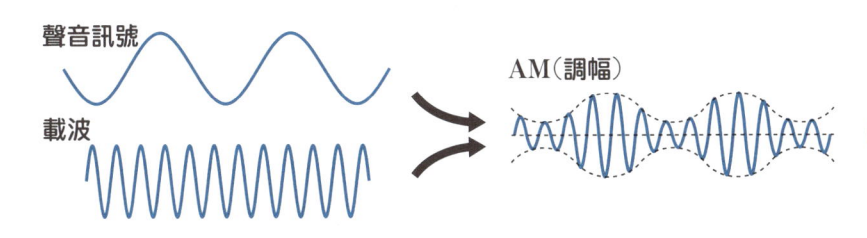

聲音訊號

載波

AM（調幅）

FM (Frequency Modulation)

　　FM也叫做調頻，載波的頻率會隨著聲音訊號的波形而改變。較不易有雜訊，音質比較好，所以適合用來播放音樂。在日本，FM無線電使用的是名為極超短波，頻率範圍為76.1～94.9[MHz]的無線電波（註：台灣的FM無線電使用的是頻率範圍為88～108[MHz]的無線電波）。

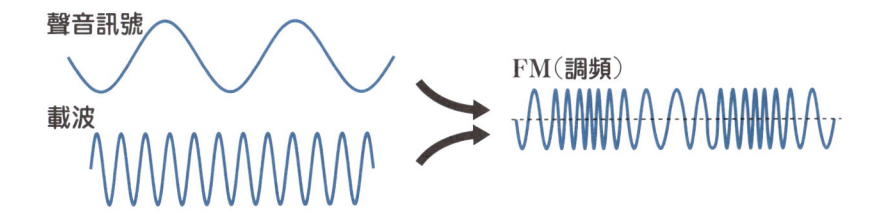

聲音訊號

載波

FM（調頻）

> 實際上，FM無線電使用的載波頻率，大約是AM無線電的100倍。

聲音訊號的傳遞

36 已普遍使用的工具——2進位、數位訊號、數位轉換

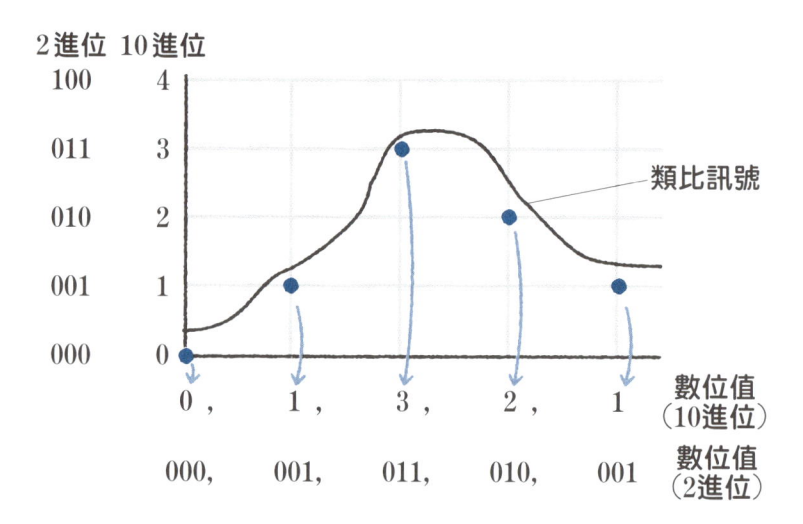

量化　取樣　2進位

```
2進位  10進位
100    4
011    3 ────●
010    2            ●        類比訊號
001    1     ●               ●
000    0 ●
         0,    1,    3,    2,    1   數位值
                                     （10進位）
         000,  001,  011,  010,  001  數位值
                                      （2進位）
```

世界上有許多名稱中有「數位」一詞的東西，那麼「數位」究竟是什麼意思呢？

數位指的是數值或量彼此分散不連續，內容斷斷續續的資料。相對於此，類比資料則有連續的數值。可以想像成將含有小數的數值四捨五入或無條件捨去，使其變為整數的樣子。

將類比訊號的振幅資訊數位化的過程，也稱為**量化**。數位化的過程中會失去資訊的細節，稱為量化雜訊。

每隔一定時間間隔擷取資料的數值，這個過程稱為**取樣**。如果在類比訊號的1個週期內，至少取樣2次，便可重現出原本的類比訊號波形，這叫做取樣定理。CD的取樣頻率為44.1[kHz]，也就是

1秒內取樣44,100次,因此可記錄頻率高達22.1[kHz]的聲音訊號。

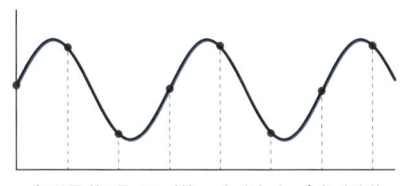

1個週期內取樣2次以上(本例為3次),故可由這些數位訊號重現出類比訊號的波形

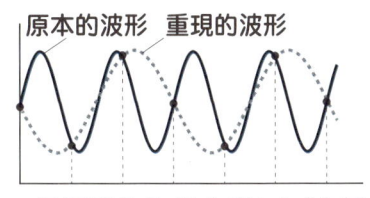

1個週期內取樣未滿2次(本例為1.5次),故無法由這些數位訊號重現出類比訊號的波形

　　乍看之下,取樣後的數位訊號,資訊量比原本的類比訊號還要少,但這就像是用文字記錄資訊一樣,相當抗雜訊,訊號也幾乎不會劣化,此為數位訊號的一大特徵。

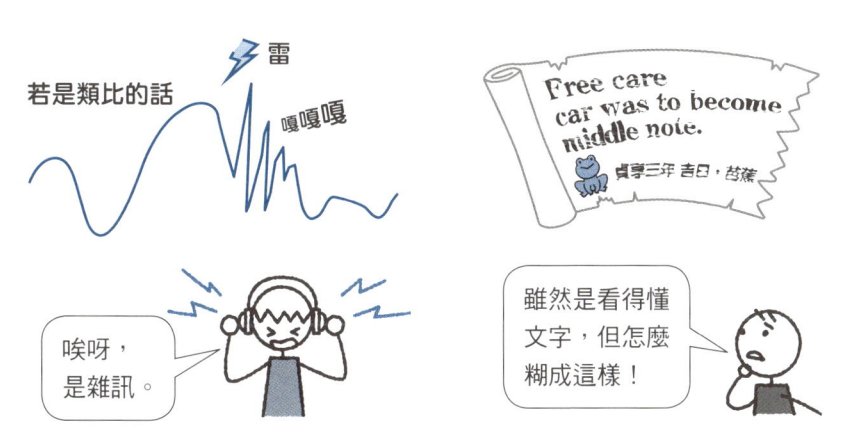

　　電腦或手機等資訊機器內部的電壓只會處理「有」或「無」2種數值,所以數位化的聲音訊號需要以「1」與「0」的2**進位數**來表示。舉例來說,10進位數字221改用2進位表示時會是11011101。這是8位數的2進位數,因此資訊量為8位元。8位元可表示的資訊最多可分為$2^8=256$個等級。CD為16位元,因此資訊最多可分為$2^{16}=65,536$個等級。

221

10進位
轉換器
2進位

11011101

$(1\times 2^7)+(1\times 2^6)+(0\times 2^5)+(1\times 2^4)+(1\times 2^3)$
$+(1\times 2^2)+(0\times 2^1)\times (1\times 2^0)=221$。
確實相等耶。

數位→類比的轉換

假設我們想用4位元的數位訊號重現出類比波形,就必須準備4個不同大小的電流源,分別代表2的0次方到2的3次方。這些電流源會依照對應的位元資訊切換成ON/OFF,然後將電流加總起來通過低通濾波器(**參照** ㉜),就可以重現出類比訊號了。

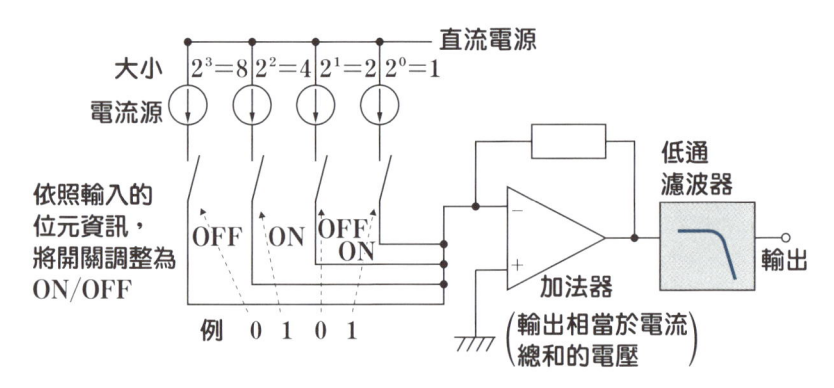

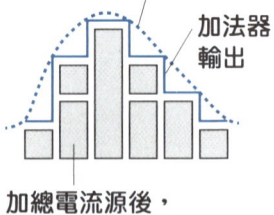

還有一種方法是切換一個電壓源的ON/OFF,產生脈寬調變(PWM:Pulse Width Modulation)。如果要處理位元數較多、

較詳細的資訊，就需要能迅速切換的開關，因此需要可高頻率運作的IC。不過這種方法很適合量產，所以也廣為使用。

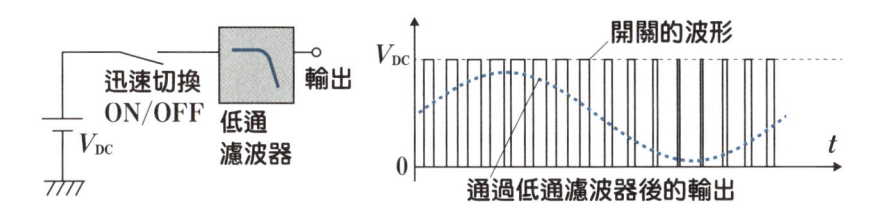

類比→數位的轉換

將類比訊號轉換成數位訊號時，必須把預先產生的數位訊號轉換成類比訊號的電壓，再與原本類比波形的電壓進行比較、修正。在誤差變小之前會多次重複這個動作，最後才決定各位元的數值，因此這個過程需要能快速執行數位→類比的元件。

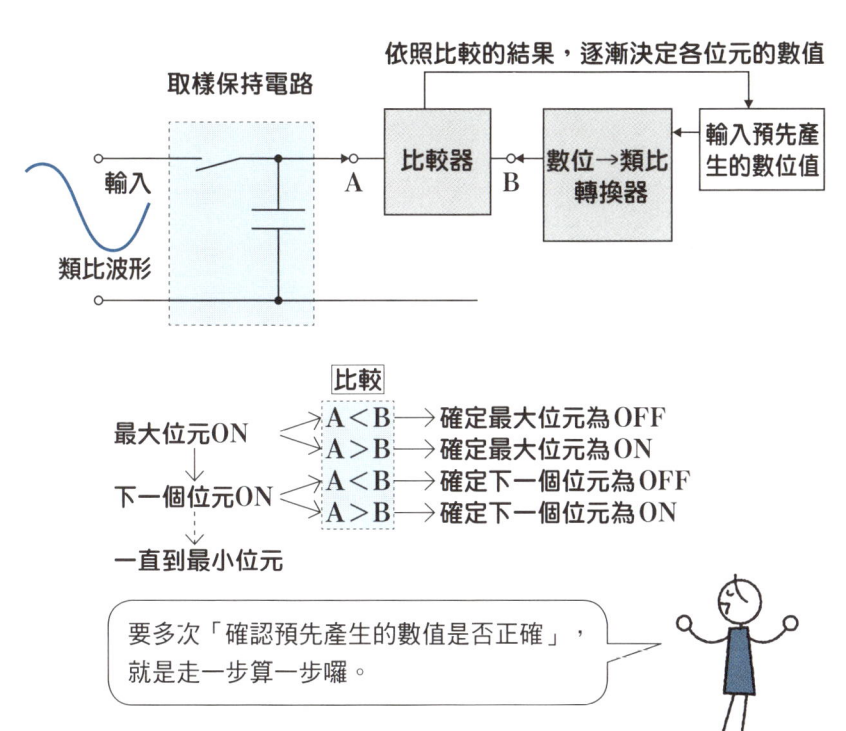

比較
最大位元ON　→ A < B → 確定最大位元為OFF
　　　　　　　→ A > B → 確定最大位元為ON
下一個位元ON → A < B → 確定下一個位元為OFF
　　　　　　　→ A > B → 確定下一個位元為ON
↓
一直到最小位元

要多次「確認預先產生的數值是否正確」，就是走一步算一步囉。

Chapter 7

電力電路的集大成——電力系統

如果要將電作為能源使用，最重要的就是能把電送到工廠或家庭等各個角落的電力系統。在 Chapter 7 中，我們會介紹穩定且有效率地把電送至各地的電力系統。

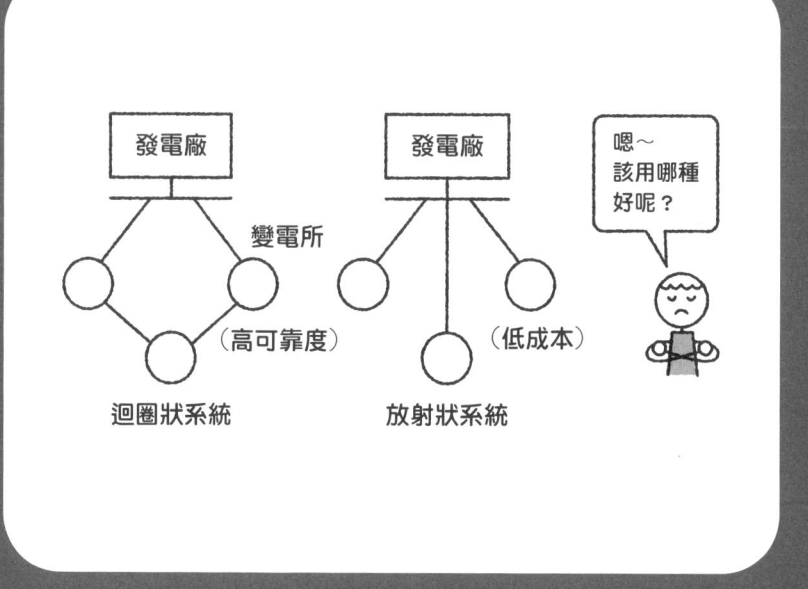

電力供應的機制 | 變壓器 / 頻率

37 電流戰爭的勝利者是誰？
—— 直流電還是交流電

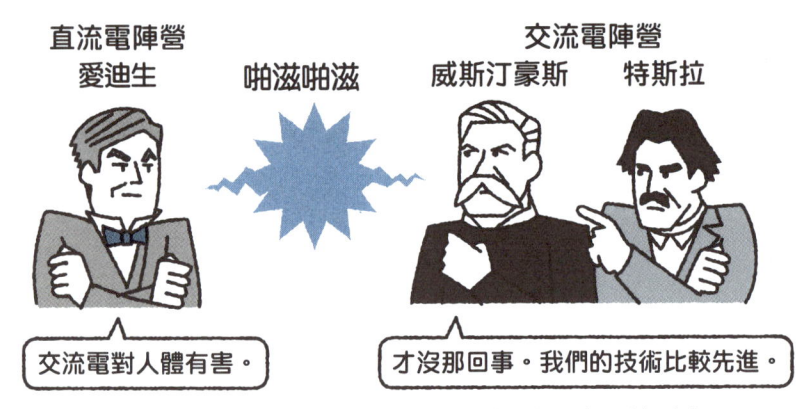

直流電陣營　愛迪生
啪滋啪滋
交流電陣營　威斯汀豪斯　特斯拉

交流電對人體有害。

才沒那回事。我們的技術比較先進。

那就用從尼加拉瀑布到水牛城的長距離輸電來一決勝負吧！

在白熾燈開始普及的1880年代前半，供應的電力是電壓110[V]的**直流電**。不過，在交流發電機與**變壓器**實用化的1880年代後半，發明王愛迪生所親自率領的直流電陣營，與尼古拉・特斯拉（Nikola Tesla）及喬治・威斯汀豪斯（George Westinghouse）的交流電陣營展開了激烈的競爭與對立。這場競爭被稱為「電流戰爭」，其中也牽扯到許多與科學無關的行為。不過，相較於可用變壓器輕易改變電壓的交流電，110[V]的直流電卻沒辦法長距離輸送大量電力，結果以交流電陣營的壓倒性勝利告終。

在這之後，隨著電力電子技術的發展，到了20世紀後半，**直流輸電**於大電力長距離輸電與海底電纜等幾個用途上復活。

在日本，東京最一開始是使用愛迪生所提倡的直流方式供應電力，但不久後便引進德國製的50[Hz]交流發電機。另一方面，大阪引進的是美國製的60[Hz]交流發電機，名古屋、京都、神戶也是引進60[Hz]的發電機。當初各地區交雜存在著各種不同**頻率**的交流電，後來東日本逐漸統一使用50[Hz]，西日本逐漸統一使用60[Hz]（註：台灣的供電頻率為60[Hz]）。另外，東日本的50[Hz]系統透過本州—北海道的**直流電系統**與北海道相連，因此雖然本州與北海道都是使用50[Hz]系統，卻沒有同步運轉（ 參照 ㊺ ）。

- 直流輸電線（非同步）
- 50 Hz　從德國引進發電機
- ■60 Hz／50 Hz 同時存在之區域
- 60 Hz
- 交流輸電線（同步）
- 從美國引進發電機
- 與日本本土之間沒有輸電線相連（非同步）

電力供應的機制 　　　　　　　配電線 / 輸電線 / 平行雙通道輸電

38　從大動脈到微血管 —— 輸電線與配電線

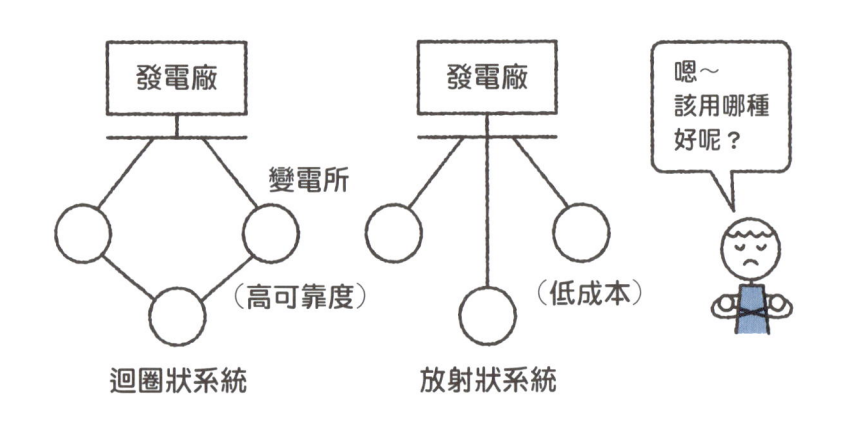

迴圈狀系統（高可靠度）　　放射狀系統（低成本）

嗯～該用哪種好呢？

善用交流電可以自由改變電壓的優點，發電廠設計的發電機會發出電壓較低的電力以方便操作，而在長距離輸電時則會轉換成輸電耗損較低的高電壓電力，送至有用電需求的家庭時，再轉換成方便使用的低電壓。電力系統必須依照各種不同需求，將電力轉換成適合的電壓。

電力系統大致上可以分成3個部分。

配電系統

三相交流電6.6[kV]是進入家庭、事務所等有用電需求的場所前，流經電線桿上電線的高壓電。大都市的部分區域會以20[kV]的電壓配電。**配電線**的電力經過電線桿的桿上變壓器，再轉換成單

相200[V]或100[V]的交流電，配送至各家庭（註：台灣的配電電壓為11.4[kV]、22.8[kV]，最後會把電壓降成110[V]或220[V]再送到一般住家）。

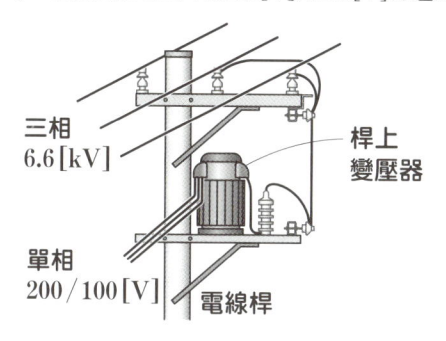

```
三相
6.6[kV]              桿上
                     變壓器

單相
200/100[V]    電線桿
```

```
     配電用變電所      6.6～20[kV]配電線（放射狀系統）
特別高壓
輸電線      變壓器                    經桿上變壓器
                                   轉成200/100[V]

                                  送至有用電需求的家庭
              斷路器
```
（單線接線圖，以單一電線代表三相交流電）

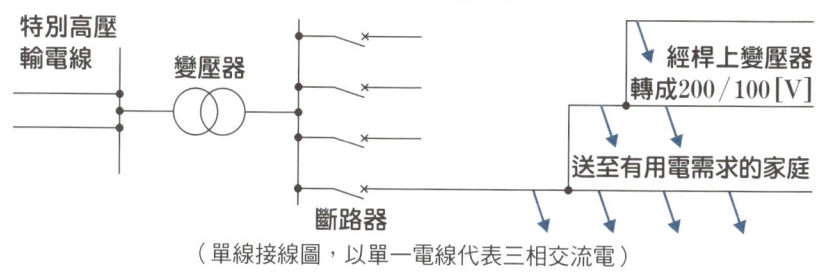

在大都市的摩天大樓等電力需求密度極高的地區，通常會使用重點網路法（spot network system），由多條配電線同時接收電力。

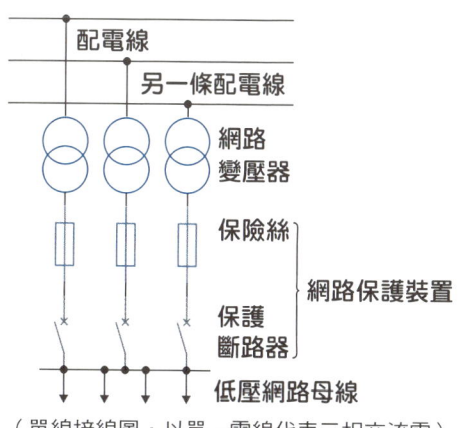

```
    配電線
       另一條配電線
         網路
         變壓器
         保險絲
                網路保護裝置
         保護
         斷路器
       低壓網路母線
```
（單線接線圖，以單一電線代表三相交流電）

當網路保護裝置檢測出有電力從低壓側流往高壓側時，便會斷開斷路器

⬇

即使有一條配電線停止供應電力，低壓側也不會逆向充電，而是會從其他配電線繼續接收電力

為了改善景觀，越來越多都會區與觀光區改用地下纜線配電。

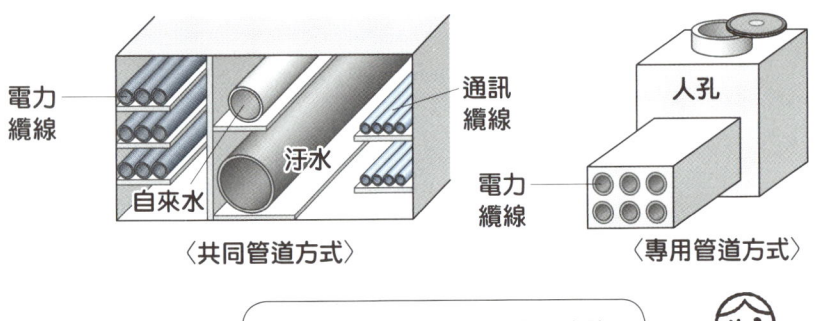

電力纜線　　通訊纜線　　人孔
汙水
自來水　　電力纜線
〈共同管道方式〉　　〈專用管道方式〉

> 成本較高是地下纜線配電的缺點。

特別高壓系統

　　三相交流電66～154[kV]主要用在電塔的**輸電線**（註：台灣電塔的輸電線分為345[kV]超高壓輸電線、161[kV]特高壓輸電線、69[kV]高壓輸電線3種），可將電力送到配電用變電所，變電所再經配電線把電送至各家庭。一旦輸電線停止運作，變電所延伸出去的配電線也會停擺，所以這種輸電線的可靠度要遠高於配電線。一般常用的是2組三相交流電線，共6條電線，以**平行雙通道輸電**方式送電。使用這種方式，即使1組電線因落雷等而停止輸電，剩下的電線仍

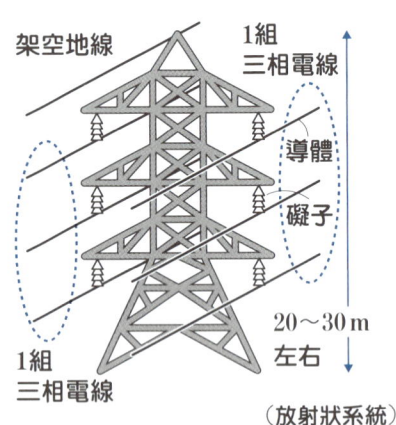

架空地線　　1組三相電線
導體
礙子
20～30 m左右
1組三相電線

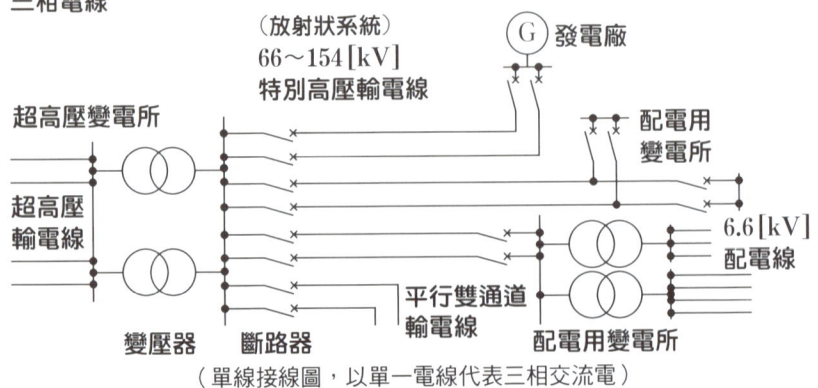

（放射狀系統）
66～154[kV]
特別高壓輸電線
Ⓖ 發電廠
超高壓變電所
配電用變電所
超高壓輸電線
6.6[kV]
配電線
變壓器　斷路器　平行雙通道輸電線　配電用變電所
（單線接線圖，以單一電線代表三相交流電）

可繼續輸電。另外，電塔最上方有名為**架空地線**的地線，可防止雷電直接打到導體。有些都市中心區域會用地下電纜當輸電線。

超高壓系統

三相交流電187～500[kV]的輸電線，可將從大規模發電廠發出的電力，經長距離輸送到超高壓變電所，接著超高壓變電所再透過特別高壓輸電線送出電力。超高壓輸電線需要的可靠度又比特別高壓輸電線更高，除了平行雙通道輸電系統之外，多半還會採用**迴圈狀系統**，透過多條路徑輸電。

日本法律規定，超高壓輸電線下方不能有建築物，所以在建構超高壓系統時會花費龐大的成本與時間。為了防止大氣中的電暈放電，大多會採用外觀看起來很粗的多導體輸電線。

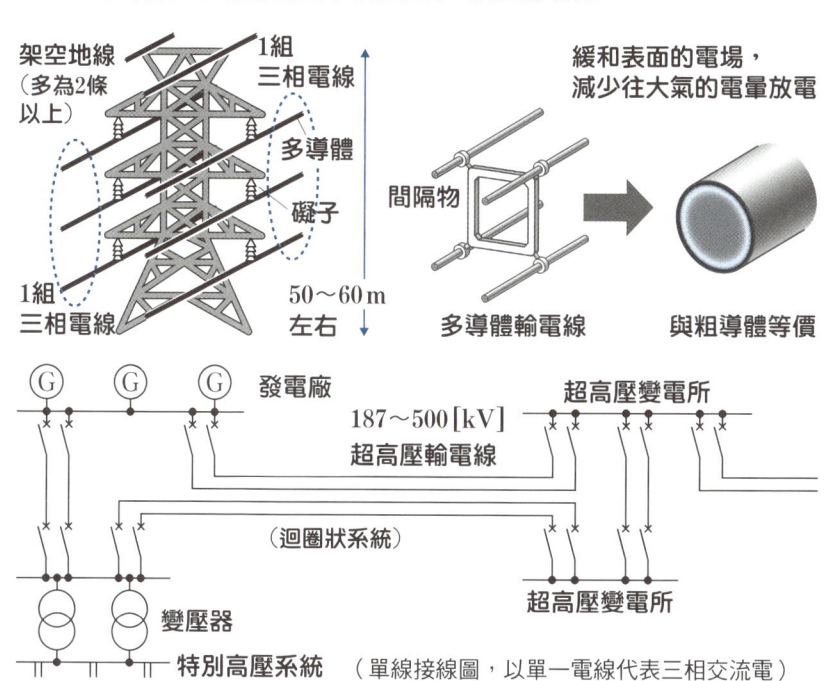

負責長距離大電力輸電的大動脈！就像高速公路或新幹線一樣喔。

電的路徑　　　　　　接地故障　接地電流　感應干擾

39 決定接地故障時的特性 —— 中性點接地法

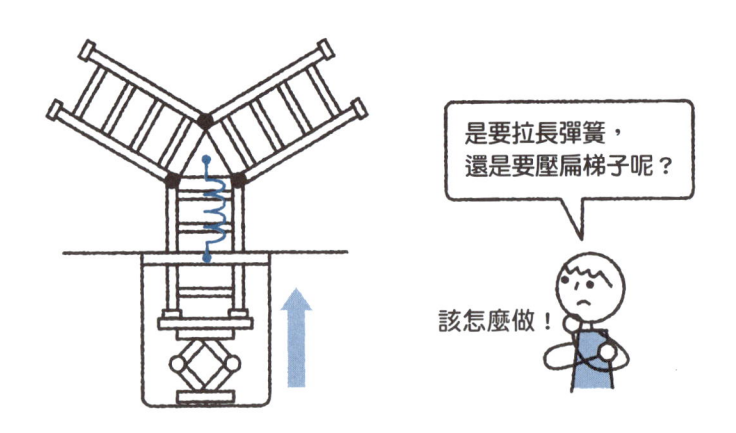

> 是要拉長彈簧，還是要壓扁梯子呢？
>
> 該怎麼做！

在三相交流電中，正常狀況下三相平衡，中性點電位為零，不管有沒有接地都是如此。但在**單相接地故障**時三相電流不平衡，這時候不同的中性點接地方式，電壓與電流的狀況也會有很大

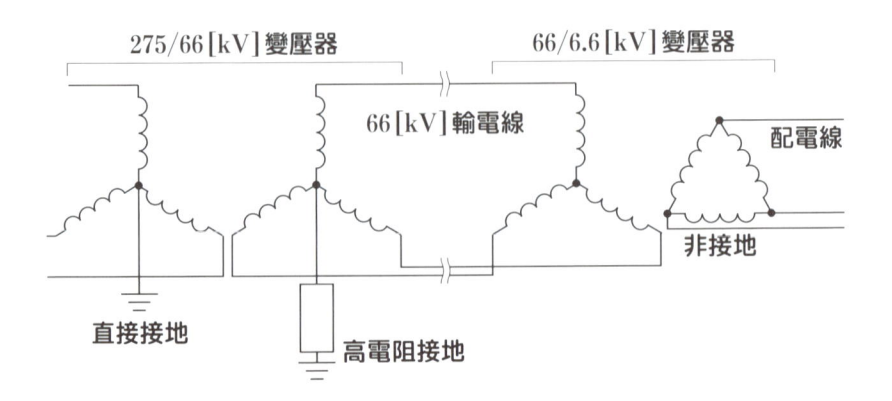

275/66 [kV] 變壓器　　　66/6.6 [kV] 變壓器

66 [kV] 輸電線

配電線

非接地

直接接地

高電阻接地

126

的不同。目前主要使用的中性點接地方式有以下3種。

直接接地方式

變壓器為Y接線（ 參照 ㉑），中性點直接接地。發生單相接地故障時，會產生很大的**故障電流**。故障時的非故障相電壓與平常幾乎沒有差別，所以故障時會有顯著的三相不平衡，對周圍的通訊線路產生嚴重的**感應干擾**。187[kV]以上的超高壓系統會採用這種接地方式。

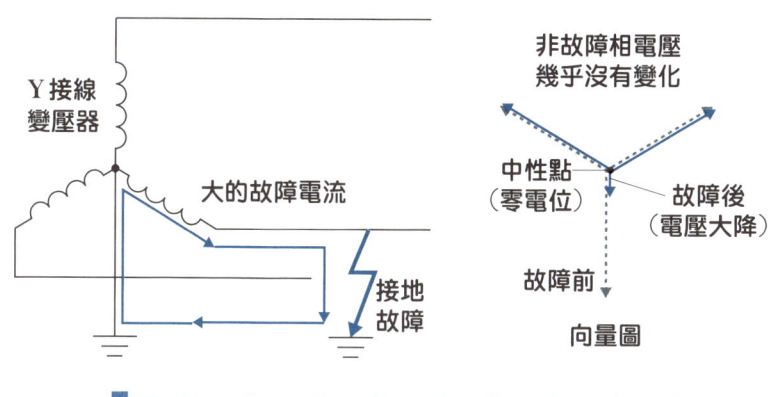

優點：

- 發生接地故障時，非故障相電壓不會上升，可減少絕緣成本
- 可確實檢測出故障，迅速排除故障

高電阻接地方式

變壓器為Y接線，接地的中性點還接有一個電阻，該電阻會使單相接地時的**故障電流**介於200～400[A]之間。因為會有一定的故障電流通過，所以能確實檢測出故障，然而故障時的**非故障相電壓**會**上升**至平時的$\sqrt{3}$倍左右。66～154kV的特別高壓系統多會採用這種接地方式。

故障電流 $\dfrac{V}{\sqrt{3}\,R}$

$\begin{pmatrix}使用的R能使故障電流\\介於200\sim400[A]\end{pmatrix}$

故障時線電壓仍維持原值

故障後的非故障相電壓上升至 $\sqrt{3}$ 倍

零電位

故障前

接地故障

優點：
- 可確實檢測出故障
- 對通訊線路產生的感應干擾較小

非接地方式

中性點不接地。單相接地時的**故障電流**較小，比較不能確實檢測出故障，但對通訊線路**產生的感應干擾相當輕微**。發生故障時，非故障相電壓會上升至平時的 $\sqrt{3}$ 倍左右。配電系統大多採用這種方式。

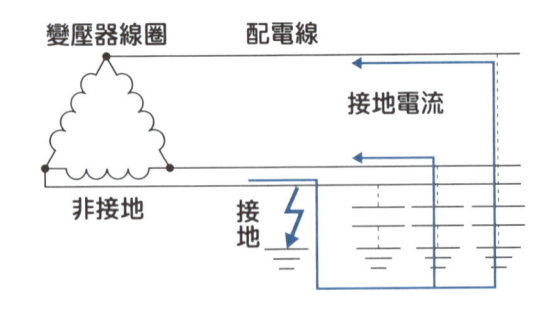

變壓器線圈　配電線

接地電流

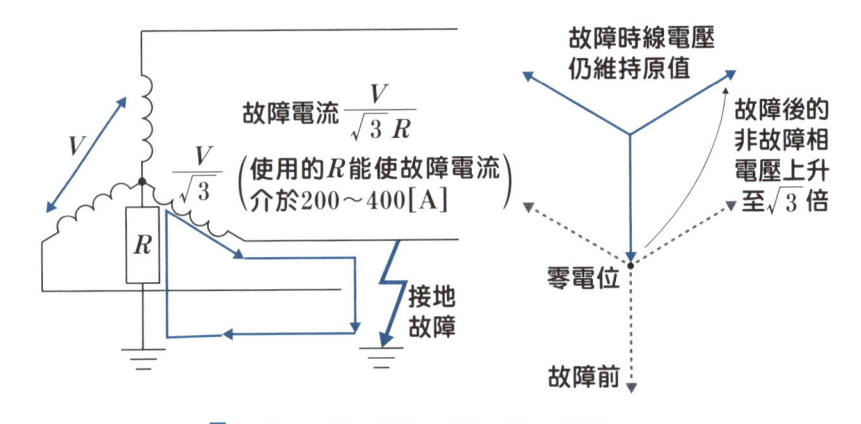

非接地　接地

非故障相的導線因為其對地電容量，會產生不穩定的接地電流（難以確實檢測出故障）

優點：
- 設備較簡單
- 對通訊線路產生的感應干擾相當輕微

專欄 7　姓名被用作單位名稱的偉人們（其2）

布萊茲・帕斯卡（Blaise Pascal，1623～1662年：法國）
壓力的單位，帕斯卡[Pa]：除了研究流體之外，也在數學、哲學等領域有不少貢獻。「人是會思考的蘆葦」這句話相當有名。

夏爾＝奧古斯丁・德・庫侖（Charles-Augustin de Coulomb，1736～1806年：法國）
電荷的單位，庫侖[C]：測定帶電荷物體之間的力，在力學、電磁學的發展上有一定貢獻。

麥可・法拉第（Michael Faraday，1791～1867年：英國）
電容量的單位，法拉[F]：研究電流周圍的磁場，建立電磁學的基礎，在電化學領域也相當活躍。

約瑟・亨利（Joseph Henry，1797～1878年：美國）
電感的單位，亨利[H]：研究電磁鐵，比法拉第更早發現電磁感應現象，但發表時間則比法拉第晚。

尼古拉・特斯拉（Nikola Tesla，1856～1943年：塞爾維亞（當時為奧地利帝國））
磁通量密度的單位，特斯拉[T]：確立與交流電有關的變壓與發電技術，在與愛迪生的電流戰爭中獲勝。

海因里希・赫茲（Heinrich Hertz，1857～1894年：德國）
頻率的單位，赫茲[Hz]：確認電磁波的存在，於電磁波的發送與接收實驗上的貢獻，為之後無線通訊的發明鋪路。

40 可橫跨不同電壓等級，自由計算阻抗 —— 百分比阻抗法

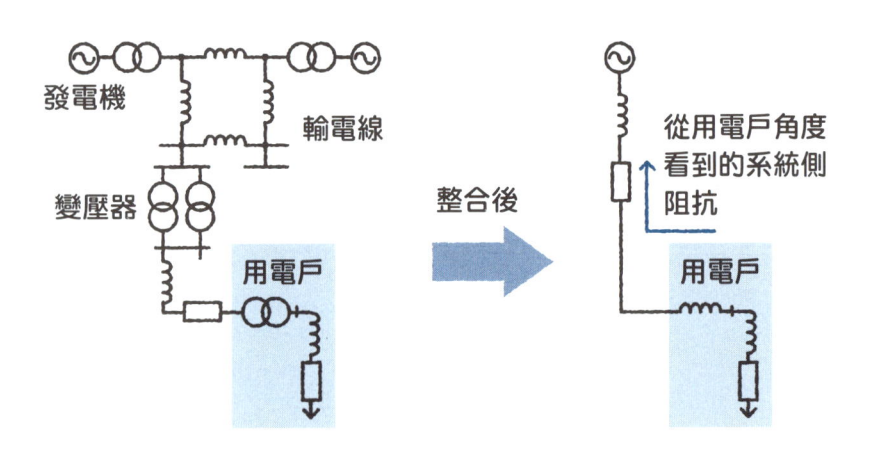

電的流動方式　　基準電功率　基於自身容量

發電機　變壓器　輸電線　用電戶

整合後

從用電戶角度看到的系統側阻抗

用電戶

　　變壓器可以讓交流電系統中多個電壓等級的電力彼此轉換，但是計算過程相當麻煩。因此，一般會使用轉換電壓之後也不會改變的**電功率為基準**，決定各種數值的相對值，稱之為**百分比阻抗法**（也叫做**單位法**）。在百分比阻抗法中，會將電功率、電壓、電流、阻抗等設定一個基準值，令其為100[％]，或是1.0[pu]（per unit），以**相對於基準值的倍率**來表示數值。

決定基準的方式

　　首先，將適用於欲計算之電力系統的**基準電功率**設定為1。一般會設定10[MV・A]（百萬伏特安培）為1.0[pu]。如果是大規模

系統，亦可設定1,000[MV·A]為1.0[pu]。

接著將各個電壓等級的額定電壓代入1.0[pu]，在額定電壓下，分別令消耗基準電功率時的電流與阻抗為1.0[pu]（或是100[%]）。

設定10[MV·A]為基準電功率1.0[pu]，讓我們試著計算看看額定電壓66[kV]系統的基準電流與基準阻抗吧。

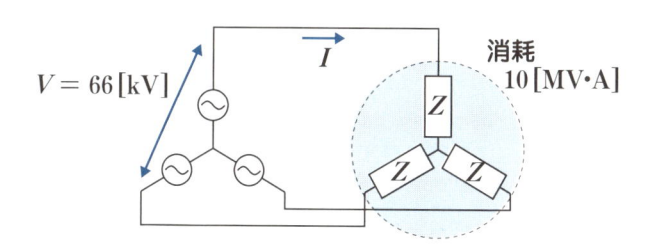

百分比阻抗法乍看之下很難懂，
但只要照著順序一步步理解，就一點都不困難囉。

- 因為 $P = \sqrt{3}\,VI$，當 $V = 66[\mathrm{kV}]$ 時，
基準電功率 $P = 10[\mathrm{MV\cdot A}]$ 所消耗的電流 I 如下：

$$I = \frac{P}{\sqrt{3}\,V} = \frac{10 \times 10^6}{\sqrt{3} \times 66 \times 10^3} = 87.48[\mathrm{A}]$$

也就是說，以10[MV·A]為基準，66[kV]系統下的基準電流為
1[pu] = 87.48[A]

- 因為 $\dfrac{V}{\sqrt{3}} = IZ$，當 $V = 66[\mathrm{kV}]$ 時，

電流87.48[A]的阻抗 Z 如下：

$$Z = \frac{V}{\sqrt{3}\,I} = \frac{66 \times 10^3}{\sqrt{3} \times 87.48} = 435.6[\Omega]$$

也就是說，以10[MV·A]為基準，66[kV]系統下的基準阻抗為
1[pu] = 435.6[Ω]

用同樣的方法計算，可以得到在基準電功率10[MV·A]下，各電壓等級的基準電流與基準阻抗如下表所示。

額定電壓	基準電流1.0[pu]	基準阻抗1.0[pu]
500[kV]	11.55[A]	25,000[Ω]
275[kV]	20.99[A]	7,563[Ω]
154[kV]	37.49[A]	2,372[Ω]
66[kV]	87.48[A]	435.6[Ω]
20[kV]	288.7[A]	40.0[Ω]
6.6[kV]	874.8[A]	4.36[Ω]

基準電功率的轉換與基於自身容量

若基準電功率變為n倍，基準電流會變成n倍，基準阻抗則會變成$\frac{1}{n}$倍。

發電機與變壓器的廠商所標示的百分比阻抗，是各機器以額定容量作為基準電功率時的百分比阻抗。這種標示方式稱為**基於自身容量**。如果計算時要納入整個系統，則必須將阻抗從基於自身容量轉換成基於基準電功率。

66[kV]系統	基準電流1.0[pu]	基準阻抗1.0[pu]
基於20[MV·A]	174.95[A]	217.8[Ω]
基於10[MV·A]	87.48[A]	435.6[Ω]

（$\frac{1}{2}$倍↓）　（2倍↓）

實際計算

設系統為154[kV]，實際電壓為161.7[kV]，接上50[MW]的負載後，計算如下：

系統為154[kV]，可知

實際電壓為161.7[kV] $\implies$ $\dfrac{161.7}{154}$ = 電壓 1.05 [pu]

基於10[MV·A]，可知

負載電功率50[MW] $\implies \dfrac{50}{10} =$ 電功率 $5.0\,[\mathrm{pu}]$
（無效功率為0[MV·A]）

在電壓161.7[kV]下，負載50[MW]的電流為

$$\implies \dfrac{5.0}{1.05} = 電流\,4.76\,[\mathrm{pu}]$$

將上述電流以實際的安培數表示 $\implies 4.76 \times \underbrace{37.49}_{154[\mathrm{kV}]系統的基準電流} = 178\,[\mathrm{A}]$

上述負載的阻抗為 $\implies \dfrac{(電壓)\,1.05}{(電流)\,4.76} = 0.22\,[\mathrm{pu}]$

以實際的歐姆數表示（Y接線）$\implies 0.22 \times \underbrace{2{,}372}_{154[\mathrm{kV}]系統的基準阻抗} = 522\,[\Omega]$

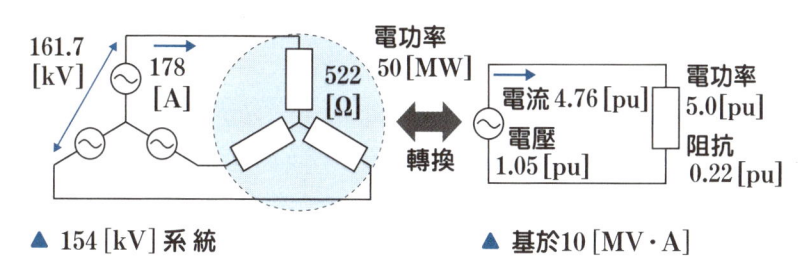

▲ 154 [kV] 系統　　　　▲ 基於10 [MV·A]

在實際的電力系統中，會預先製作輸配電網的**阻抗圖**，以方便計算每個地點的電壓與電流。

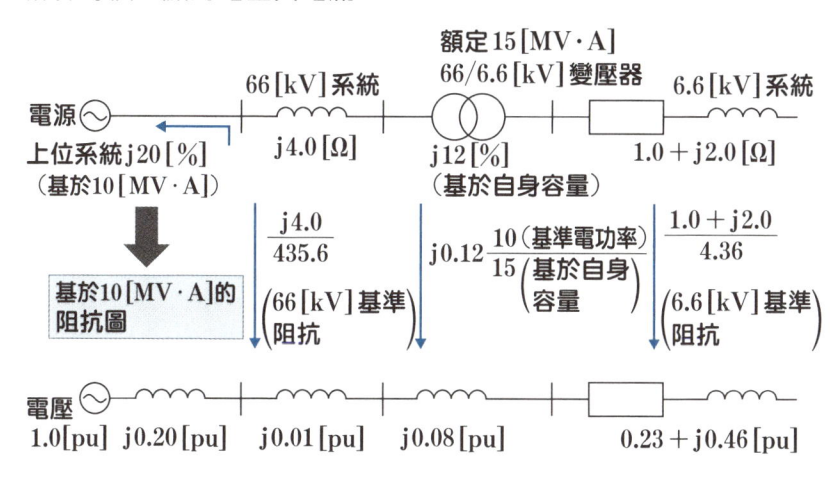

電力供應的機制　　　　　　　電弧放電　排除故障　後備保護

41 設想各種情況的應對方式
── 電力系統的保護

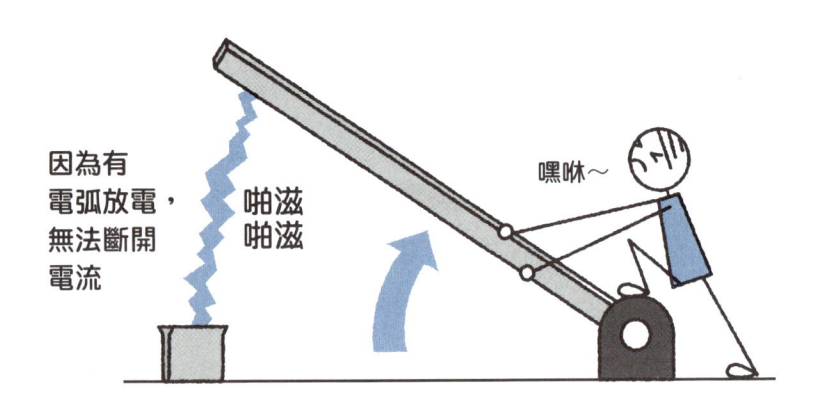

因為有電弧放電，無法斷開電流

啪滋啪滋

嘿咻～

　　電力系統短路或發生接地故障時，可能會穿透空氣的絕緣性，產生**電弧放電**。此時空氣會在超高溫度下解離，成為可導電的電漿，並持續產生電弧放電。這種大電流若一直放著不管，可能會燒毀機器，對大範圍的電力系統造成致命傷。

　　為了盡可能及早檢測出這類故障，我們會將故障區間的輸電線或機械與系統分離，消滅電弧放電。以下讓我們來看看檢測故障用的**保護繼電器**，以及分離機械與系統的**斷路器**。

斷路器的機制

在電壓高的電力系統中，光是接點在大氣中斷開就會產生電弧放電，難以切斷電流。這時候就需要「真空斷路器」使接點在真空中斷開，讓電弧擴散；或是使用「氣體斷路器」，讓接點在對電弧有強烈吸附性質的SF_6（六氟化硫）氣體中斷開。真空斷路器相當普遍，不過在高電壓、大電流的系統中，經常會使用高性能的氣體斷路器。

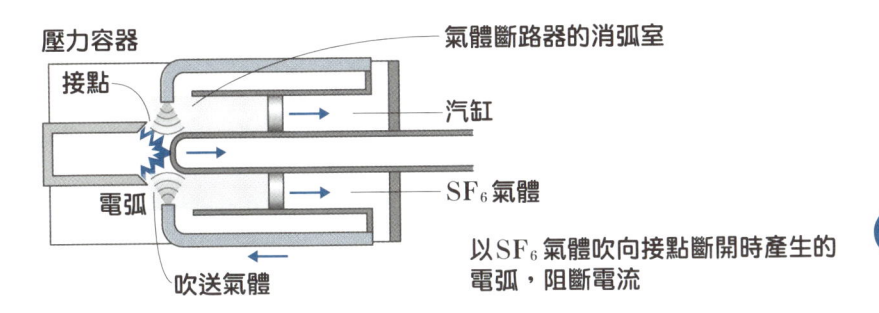

壓力容器 — **氣體斷路器的消弧室**
接點 — 汽缸
電弧 — SF_6 氣體
吹送氣體

以SF_6氣體吹向接點斷開時產生的電弧，阻斷電流

排除故障的概念

電力系統的保護有個大前提，那就是「不要有無保護區間」。因此在最小範圍內以最短時間**排除故障**，是最基本的概念。另外，需要盡可能準備更完善的**後備保護**系統，在保護繼電器或斷路器沒有反應、無法排除故障時，可以直接切斷更廣範圍的電力系統。

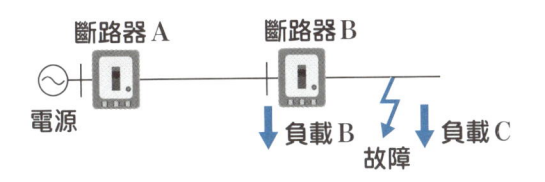

斷路器 A　　斷路器 B
電源　　　　　負載 B　　負載 C
　　　　　　　　　故障

> 善加調整主要保護與後備保護兩者的組合，稱為「保護協調」。在操作實際系統時，這是一件很困難的事。

（1）發生故障時，斷開斷路器 B 以排除故障

⬇

僅負載 C 停電

（2）若斷路器 B 斷開失敗，故障仍然持續，
則透過後備保護系統斷開斷路器 A 以排除故障

⬇

負載 B 與負載 C 停電

保護繼電器的種類

檢測故障有許多種方法，需要依照不同對象，例如有電力需求的家中設備、配電線、超高壓系統等，選擇最適當的檢測方式。保護繼電器可透過檢測器用變換器引入系統的電壓或電流，透過電的檢測原理判斷是否故障。以下介紹幾種代表性的保護繼電器，以及它們的運作機制。

（1）過載繼電器

若是檢測到的電流超過一定整定值，就會發出斷路訊號。擁有**時間特性**，越大的電流越快發出斷路訊號；越接近整定值的電流越慢發出斷路訊號，也兼有後備保護功能。結構簡單又便宜，主要用於保護用電家庭的設備、配電線。

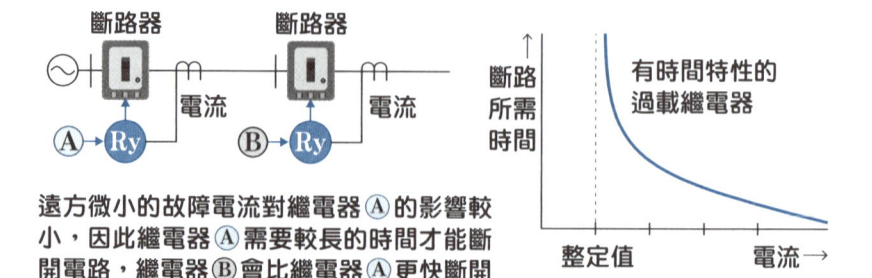

遠方微小的故障電流對繼電器 Ⓐ 的影響較小，因此繼電器 Ⓐ 需要較長的時間才能斷開電路，繼電器 Ⓑ 會比繼電器 Ⓐ 更快斷開電路。若是 Ⓑ 斷路失敗，Ⓐ 才會運作

（2）距離繼電器

　　計算故障時的電壓／電流，可求出繼電器至故障點的阻抗（電的距離）。若判斷故障點相當近，可馬上斷路；若判斷故障點較遠，可作為後備保護，一段時間後再斷路。主要用於特別高壓系統。

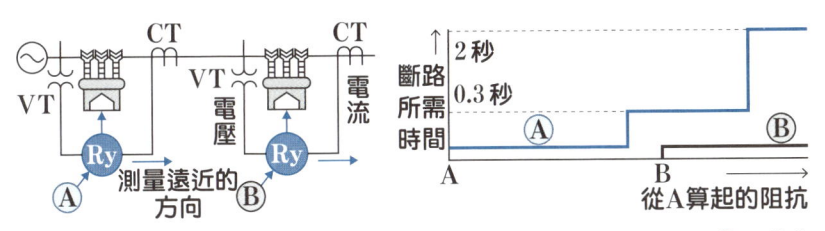

相較於繼電器Ⓑ，若是繼電器Ⓐ與故障點的距離較遠，則繼電器Ⓐ可作為後備保護，在Ⓑ之後的一定時間（0.3秒）後才斷路

（3）電流差動繼電器

　　檢測輸電線兩端的電流波形，再透過通訊線路比較結果，可精確判斷保護區間內是否有故障。需要快速的通訊線路，因此成本較高，適用於需要高可靠度的超高壓系統等。

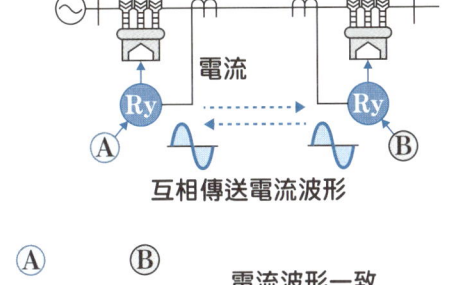

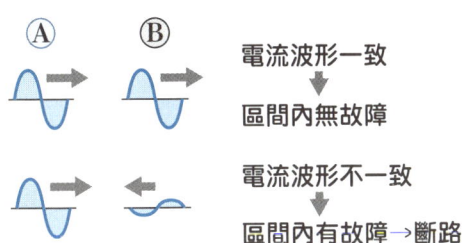

電的品質 / 供需計畫 / 經濟負載調度 / 調速器 / 速度調整率

42 決定電力品質的重點 —— 頻率的維持

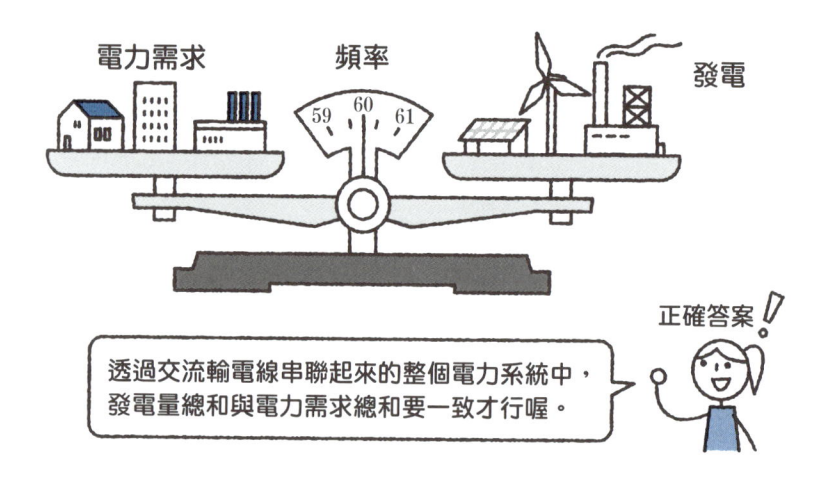

電力需求　　頻率　　發電

59　60　61

正確答案！

透過交流輸電線串聯起來的整個電力系統中，發電量總和與電力需求總和要一致才行喔。

所謂電力供給的品質，指的是電壓與頻率維持固定這件事。交流電的頻率是由發電機的轉速決定，頻率固定就表示發電機的轉速要維持固定。

如果要維持頻率，發電量與電力需求必須恆保持固定。關於供需固定方面，本節會分別說明長期的**供需計畫**制定，以及短期的**頻率調整**。

供需計畫與經濟負載調度

如果希望發電量與電力需求一致，基本上必須在電力需求出現變化時，調整發電端的狀態。

發電機有許多類別,大致上可以分成

- 能／不能調整輸出
- 能／不能迅速啟動或停止

不同特性的發電機,一天內的需求變化也不一樣,因此必須制定**供需計畫**。制定計畫的時候,需要讓可調整輸出的電源持續滿足以下條件:

- 在電力需求高的時段,或是不穩定的電源輸出下降時,仍可供應足夠電力
- 在電力需求低的時段,或是不穩定的電源輸出上升時,也不會有多餘的電力

因此在調配發電效率與燃料有多種類別可供選擇的火力發電,以及輸出可以調整的水力發電時,必須做好**經濟負載調度**,使火力燃料費的總費用最低。

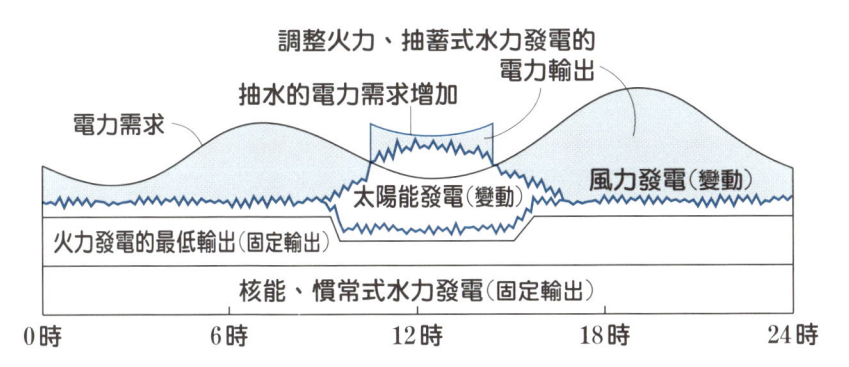

調整火力、抽蓄式水力發電的電力輸出
抽水的電力需求增加
電力需求
風力發電(變動)
太陽能發電(變動)
火力發電的最低輸出(固定輸出)
核能、慣常式水力發電(固定輸出)
0時　　6時　　12時　　18時　　24時

在不同季節、不同時段下,電力需求會跟著改變。為了適時調整發電,使電力不會供應過度或供應不足,發電廠必須隨時確保可運作的發電機數量充足,並將定期檢修與意外故障的可能性納入考量。電力的穩定供給需要長期的規劃與準備,包含數年以上的發電廠建設。

慣性力與頻率調整

　　渦輪與發電機為質量相當大的轉動物體,快速旋轉時會累積大量的轉動能量。

　　發電量與電力需求一致的狀態下,發電機輸出的電能與輸入發電機的動能一致。若這個一致性被打破,例如「動力>電力」時,多餘的能量就會變成轉子的轉動能量,使轉速上升。若增加發電機的運作數量,提高轉動慣量(參照 46),便可減緩轉速變化,穩定頻率。

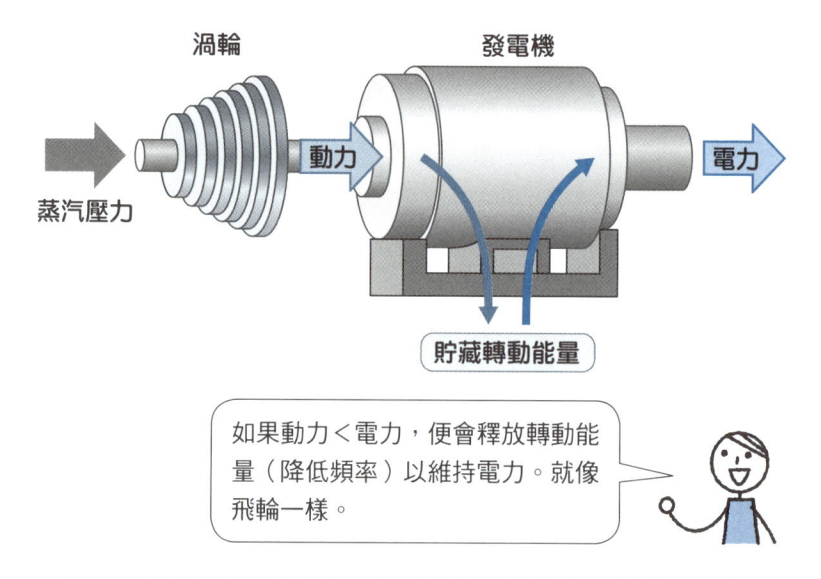

渦輪　　　　　發電機

蒸汽壓力　→　動力　　　　　電力 →

貯藏轉動能量

如果動力<電力,便會釋放轉動能量(降低頻率)以維持電力。就像飛輪一樣。

　　發電機有自動控制功能,如果發電機的頻率(轉速)偏低,可以增加蒸汽或水的輸入以提高頻率;如果發電機的頻率偏高,則會減少蒸汽或水的輸入以降低頻率。這項裝置叫做**調速器**,或是叫做 governor。而發電機輸出變化率與頻率變化率的比例,稱為**速度調整率**。

　　另外,就整體而言,當頻率下降時,電力需求也會跟著減少。所以電力系統的頻率會維持在發電機的頻率特性與電力需求之頻率特性的交點,可自動維持一定頻率。

調節閥　渦輪　發電機

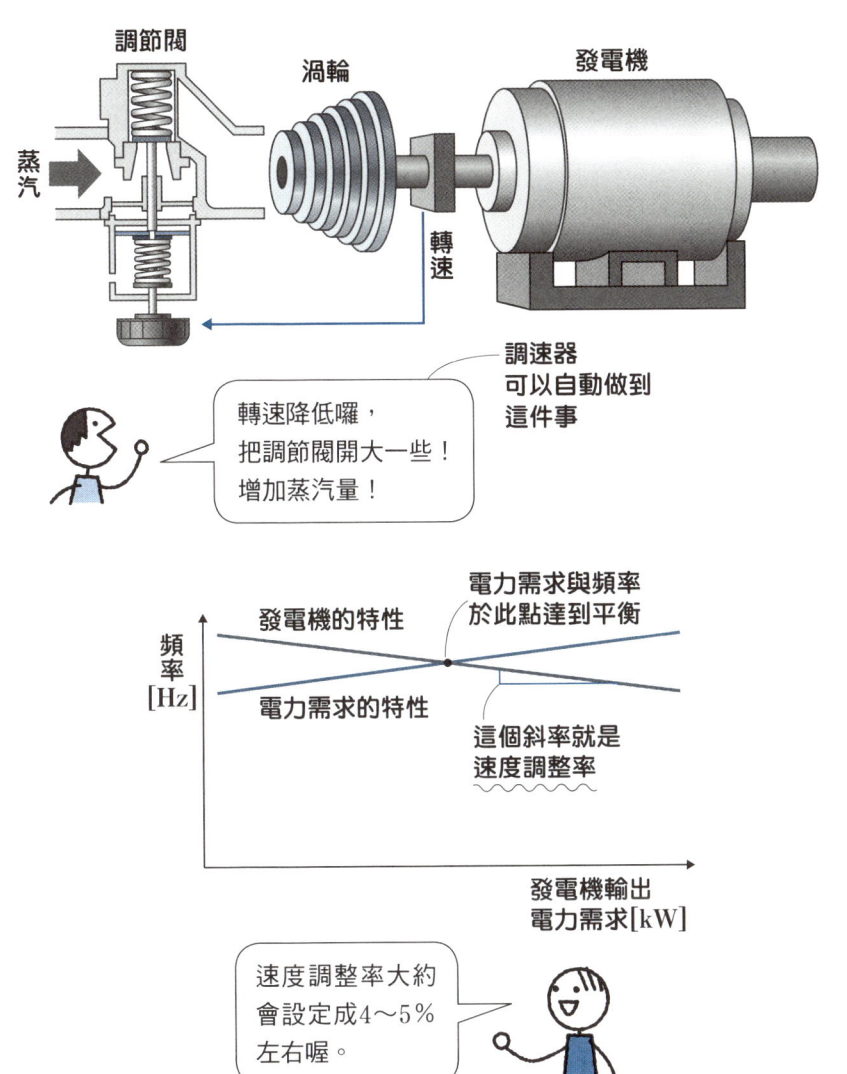

蒸汽　→

轉速

調速器
可以自動做到
這件事

轉速降低囉，
把調節閥開大一些！
增加蒸汽量！

頻率
[Hz]

發電機的特性

電力需求與頻率
於此點達到平衡

電力需求的特性

這個斜率就是
速度調整率

發電機輸出
電力需求[kW]

速度調整率大約
會設定成4～5％
左右喔。

　　當發電量持續低於電力需求時，頻率會降低，然而若是頻率過低的話，發電機會無法持續運作，此時保護繼電器（參照 ㊶）便會將發電機陸續斷路，使頻率變得更低，造成整個系統停電，也叫做「black out」。如果要避免black out，需要進行「負載斷路」將部分電力需求強制斷路，以維持發電量與電力需求的平衡。

交流電的特徵

43 交流電的意外弱點 —— 交流輸電線的輸電能力

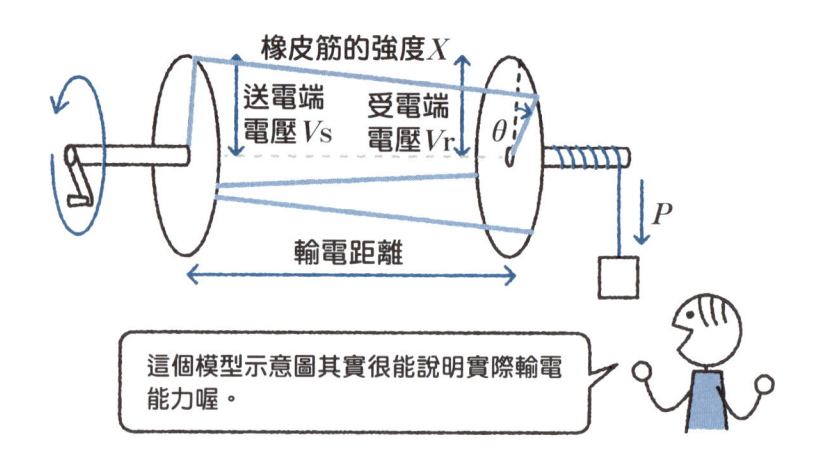

同步穩定性　功角特性曲線

橡皮筋的強度 X
送電端電壓 V_s
受電端電壓 V_r
θ
P
輸電距離

這個模型示意圖其實很能說明實際輸電能力喔。

交流輸電可以輕易用變壓器轉換電壓，長距離輸送大電力時耗損相當低，但卻有個直流電所沒有的缺點。那就是相位差造成的輸電限制，也叫做**同步穩定性**。

交流輸電線的輸電能力

設兩端電壓維持固定的輸電線中，有效功率為 P，兩端電壓大小分別為 V_s、V_r，相位差為 θ，線路的電抗（參照 ⑱）為 jX（無視電阻成分），則等式 $P = \dfrac{V_s V_r}{X} \sin\theta$ 成立。式中 θ 與 P 之間的關係可畫出**功角特性曲線**。

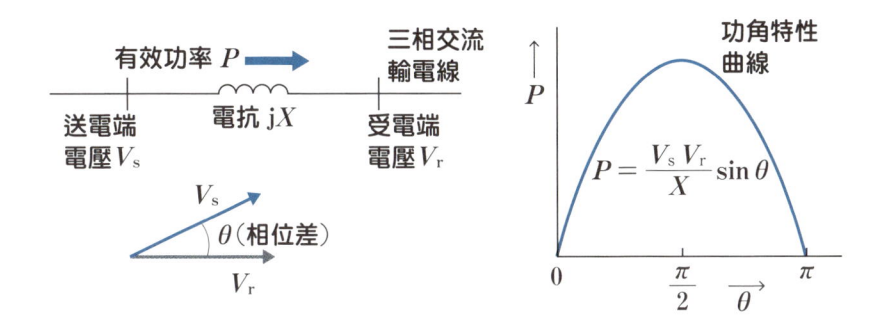

提升輸電能力的策略

由功角特性曲線可知，交流輸電線的輸電能力在兩端相位差為 $\frac{\pi}{2}$ 時，有最大值 $\frac{V_s V_r}{X}$。不過，當相位差在 $\frac{\pi}{2}$ 附近時，些許的電力變動會造成相位差的大幅變動，讓同步發電機無法穩定運轉，使得實際上的輸電能力大幅降低。

交流輸電線的輸電能力可以用本節開頭的模型示意圖來說明。如果轉動過快，超過一定轉速時，會使得橡皮筋纏繞在一起，無法輸電。這種狀態稱為**失步**。失步的輸電線須盡快與系統斷開才行。

由這個模型可以得知，如果要提高輸電能力，我們可以採取的策略如下：

- 加粗橡皮筋（降低輸電線的阻抗）
- 增加橡皮筋（增加輸電線的條數）
- 加大圓盤（提高電壓）
- 追加途中的圓盤（將輸電線分成前後兩段，於途中維持電壓）

如果要執行這些策略，需要很高的成本與大量的時間，例如改建輸電鐵塔等。提高交流輸電線的同步穩定性並不是件容易的事。

專欄 | 8

試推導功角特性曲線 $P = \dfrac{V_s V_r}{X}\sin\theta$

設交流輸電線的送電端電壓為 $\dot{V}_s$，受電端電壓為 $\dot{V}_r$，由歐姆定律可以知道，輸電線的電流為 $\dot{I} = \dfrac{\dot{V}_s - \dot{V}_r}{\dot{Z}}$。以複數表示這個式子，可求出抵達受電端的電力 $P + jQ = \dot{V}_r \overline{\dot{I}}$（**參照** ⑲）。此時，若以受電端電壓 $\dot{V}_r$ 為基準相位（相位角0），計算上會比較方便。

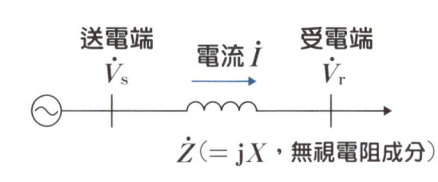

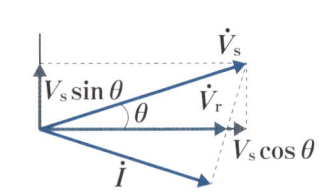

設 $\dot{V}_r$ 相對於 $\dot{V}_s$ 的相位為 θ，

$$\begin{cases} \dot{V}_s = V_s\cos\theta + jV_s\sin\theta \\ \dot{V}_r = V_r \\ \dot{Z} = jX \end{cases}$$

因此，$\dot{I} = \dfrac{\dot{V}_s - \dot{V}_r}{\dot{Z}} = \dfrac{V_s\cos\theta + jV_s\sin\theta - V_r}{jX}$

$$= \dfrac{V_s\sin\theta}{X} + \dfrac{j(V_r - V_s\cos\theta)}{X}$$

$$P + j\theta = \dot{V}_r \overline{\dot{I}} = V_r\left(\dfrac{V_s\sin\theta}{X} - \dfrac{j(V_r - V_s\cos\theta)}{X}\right)$$

可以得知，$P = \dfrac{V_s V_r}{X}\sin\theta$、$Q = \dfrac{V_s V_r\cos\theta - V_r^2}{X}$

這就是功角特性曲線。

電的品質　　　無效功率　場磁磁通量　變壓器分接頭

44 電力品質的另一個重點 ——電壓調整機制

	頻率	電壓
調整對象	使以交流輸電線相連之整個電力系統的發電量與電力需求一致（不管調整系統內哪個發電機的輸出，效果都一樣）	依照變電所、輸電線縮小目標範圍，調整個別電壓（調整某個地點的電壓時，距離遙遠的地點幾乎不受影響）
調整方式	調整有效功率P（需要燃料等能量）	調整無效功率Q或變壓器的匝數比（不需能量，但需要設置調整機器）

真的完全相反耶。

　若是電的品質良好，頻率與電壓就會比較穩定，不過頻率與電壓的性質完全不同。當交流電系統整體發電量與整體電力需求達成平衡時，頻率才能保持一致。然而在電壓方面，各個輸電線與配電線有各自的容許值，需要個別調整。即使調整某個地點的電壓，遠方的電壓也幾乎不受影響。

　調整電壓的方法主要可分為以下2類。

- 調整電源電壓的方法（透過發電機調整電壓，或是透過變壓器分接頭調整電壓等方法皆屬之）
- 藉由阻抗的電壓降調整電壓的方法（透過無效功率調整電壓的方法屬之）

透過無效功率調整電壓

阻抗為 $R+jX\,[\text{pu}]$ 的輸電線所造成的電壓降 Δv 如下：

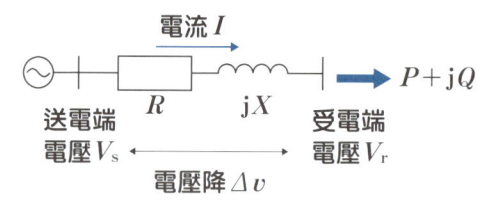

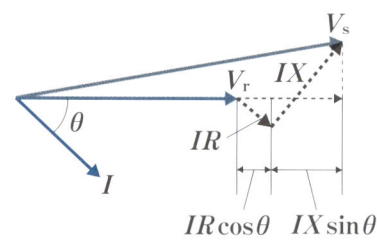

$$\Delta v = IR\cos\theta + IX\sin\theta = \frac{PR+QX}{V_r}$$

$V_r \fallingdotseq 1\,[\text{pu}]$，因此 $\Delta v \fallingdotseq PR+QX$

也就是說，輸電線的電壓降為以下兩者的加總。

① 有效功率 P × 輸電線的電阻成分 R

② 無效功率 Q × 輸電線的電抗成分 X（參照 ⑱）

輸電線的電抗比電阻大，因此電壓變動的原因主要是**無效功率**的大小。電抗器可以消耗無效功率，電容器可以供應無效功率，我們可以透過切換兩者來調整電壓。

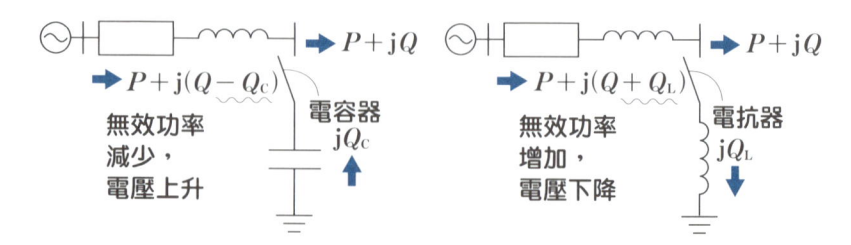

> 電抗器為線圈的別名。以調整電壓為目的的電容器與電抗器叫做「調相設備」。

透過發電機調整電壓

在同步發電機中，我們可以藉由調整轉子的勵磁電流產生之場磁磁通量的強度，來調整定子主繞組所產生的電壓（參照 ⑦）。利用這種性質，不只能保持發電機的端子電壓固定，還能積極主動調整電壓。例如當系統整體電壓偏低時，我們仍然可以調高端子電壓。

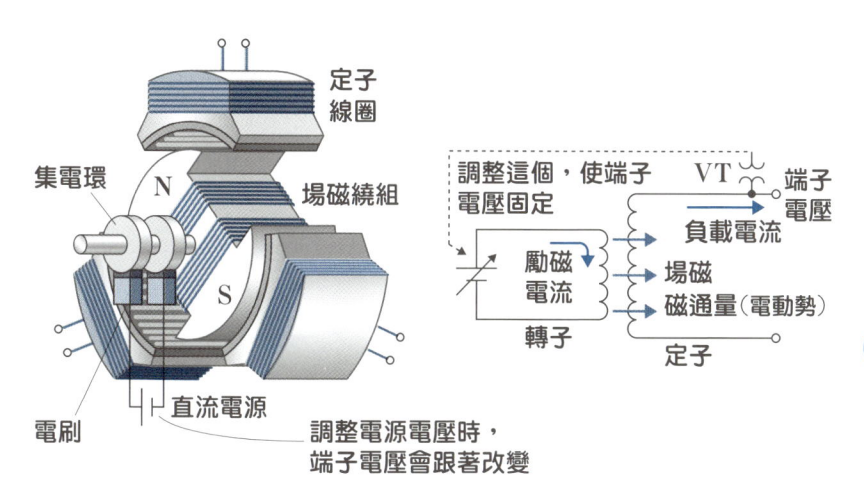

調整電源電壓時，端子電壓會跟著改變

透過變壓器分接頭調整電壓

變電所的變壓器通常都備有負載分接頭切換裝置（LTC），可在運轉時調整電壓。使用LTC調整電壓的電壓調整器在實際電壓與目標值的偏差很大時，可以在短時間內切換。

（僅畫出單相電路）

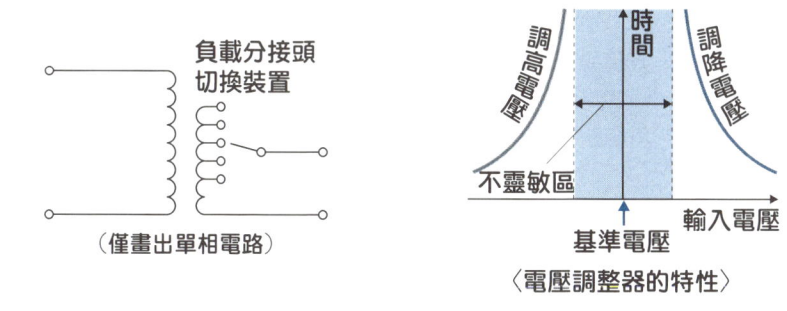

〈電壓調整器的特性〉

配電系統的電壓調整

　　將配電線的6.6[kV]降壓至200/100[V]的桿上變壓器，並沒有能在運轉時調整電壓的分接頭切換裝置。但越接近配電線的末端，電壓就越低，桿上變壓器的匝數比也會跟著改變。而在電力需求較高，使電壓大幅下降的時段，為了提高配電線送出的電壓，便會調整配電用變壓器的分接頭。

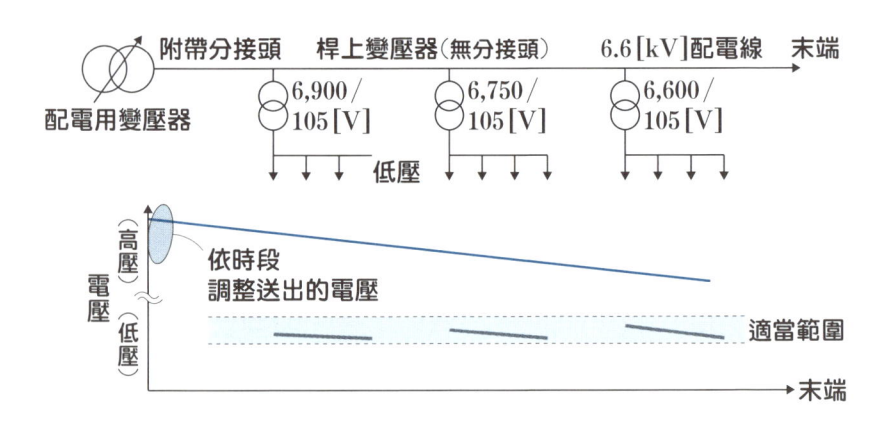

　　電力需求較低的人口低密度地區，配電線的距離很長，末端電壓變動較大，因此中途會用自動穩壓器（SVR）這種自耦變壓器來抑制電壓變動。

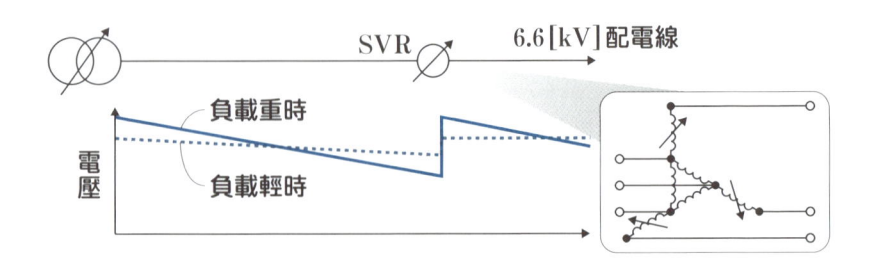

電力供應的機制　充放電電流／同步穩定性／變流器

45 在現代技術下復活，補足交流電的弱點——直流輸電

線電壓換相變流器的動作波形

$\alpha = 20°$　直流電壓　　$\alpha = 160°$

交流電壓
交流電流

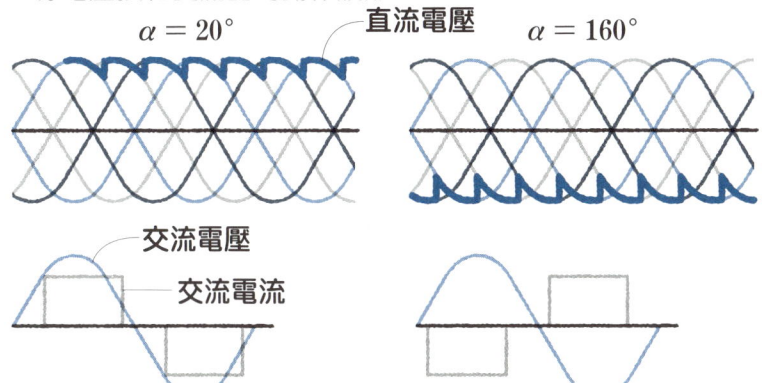

順變動作（交流電→直流電）　　逆變動作（直流電→交流電）

愛迪生所發起的直流電力供應，在電流戰爭（參照 ㊲）中落敗，主角的位子完全被交流電搶走。不過，交流輸電有以下缺點。

- 絕緣能力需對應到電壓的最大值，即有效值的 $\sqrt{2}$ 倍（參照 ⑮）。若電壓較高，絕緣的成本會是一大負擔。
- 送電端與受電端的相位差會限制輸電能力。這是由**同步穩定性**所造成的輸電限制。輸電線的熱容量會大幅限制長距離輸電線的輸電能力（參照 ㊸）。
- 電纜輸電線有類似電容器的性質，會累積電荷。電纜越長，**充放電電流**越大，實際傳輸的電力就越小。

- 頻率不同的輸電線不能接在一起。

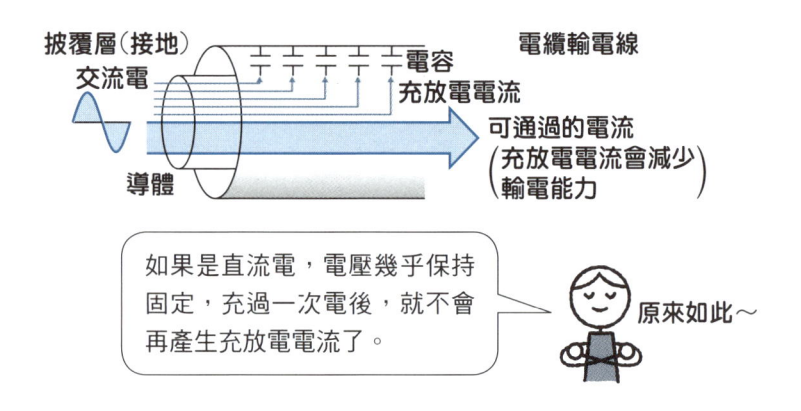

> 如果是直流電，電壓幾乎保持固定，充過一次電後，就不會再產生充放電電流了。

> 原來如此～

直流輸電沒有這些交流輸電的缺點。當我們想發揮這些直流輸電的優勢時，就會在交流電系統中設置**變流器**，改用直流輸電。

直流輸電的應用案例

（1）改變頻率

2024年時，東日本的50[Hz]系統與西日本的60[Hz]系統之間，有輸電容量為2,100[MW]的變流設備。

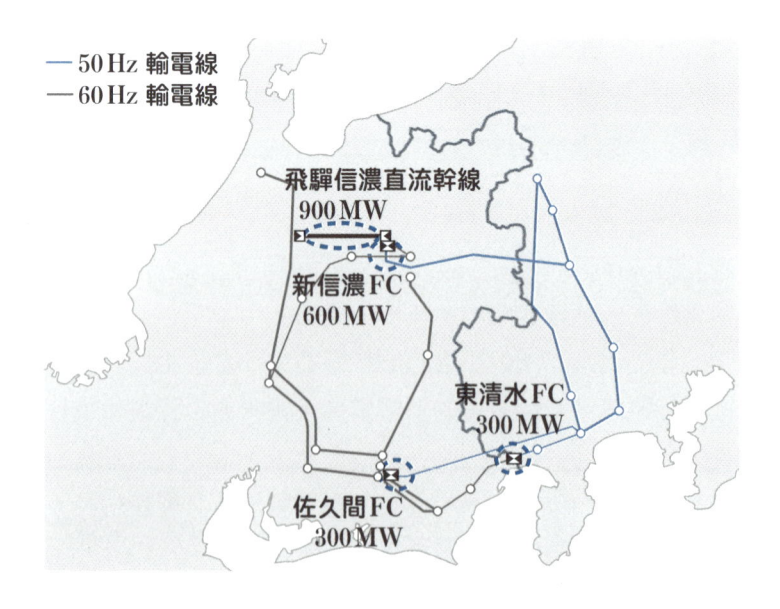

— 50Hz 輸電線
— 60Hz 輸電線

飛驒信濃直流幹線 900MW
新信濃FC 600MW
東清水FC 300MW
佐久間FC 300MW

150

（2）海底電纜輸電

在北海道的50[Hz]系統與東日本的50[Hz]系統之間，有直流電的海底電纜連接。2024年時，輸電容量為900[MW]。

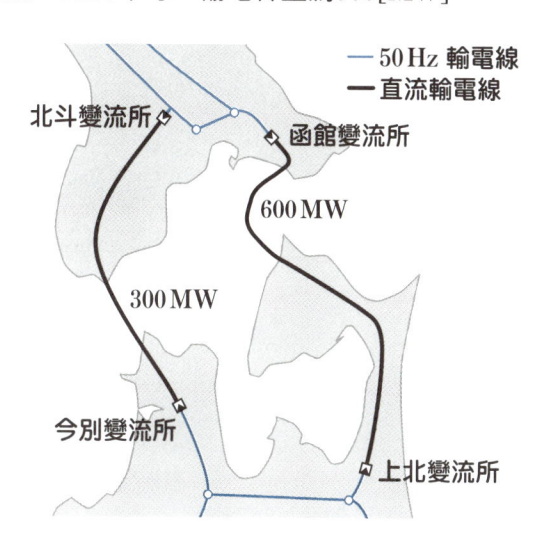

變流器的運作機制

直流電設備需要用到含有**半導體**（參照③）的**變流器**。以下讓我們來看看直流輸電會用到的變流器吧。

（1）閘流體與線電壓換相變流器

閘流體為一種電子元件，若是順向施加電壓，同時於閘極施加閘脈衝，便會產生電流；若是逆向施加電壓，便不會有電流產生。使用閘流體的線電壓換相變流器將直流電轉換成交流電時，轉換後的電路需要有穩定的交流電壓，且無法從無電壓狀態產生出交流電波形。變流時的耗損很低，可用於製作大容量變流器為其特徵。

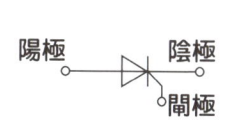

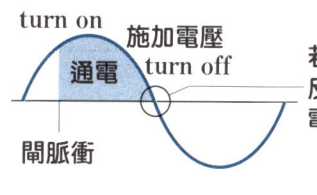

151

（2）自動關斷元件與電壓源變流器

自動關斷元件可自由控制電流啟動與停止的時間，包括GTO、IGBT等多個類別。使用自動關斷元件的電壓源變流器，可以從無電壓狀態產生出交流電波形，並發展出可驅動交流馬達的逆變器，近年來在電力系統上的應用也逐漸增加。

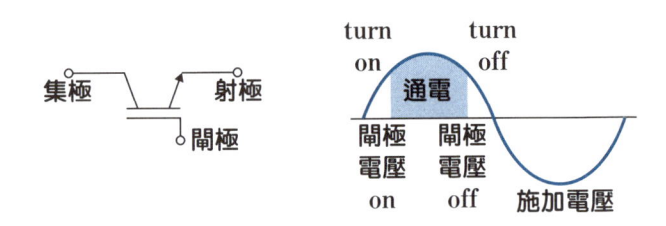

（3）變流器結構

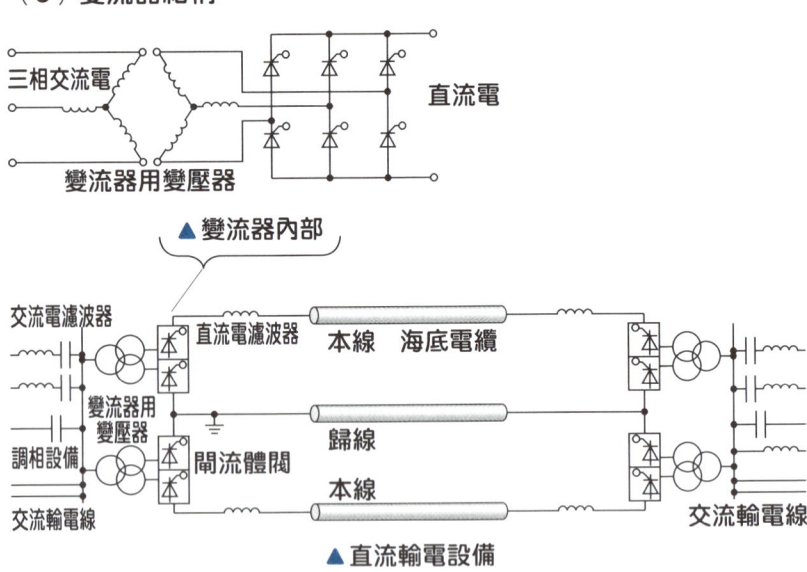

▲變流器內部

▲直流輸電設備

- 改變閘脈衝的時間點，便可做到以下2種功能：
  順變（交流電⇨直流電）
  逆變（直流電⇨交流電）
- 基本上，線電壓換相式、電壓源式的內部結構大致相同

專欄│9

諧 波

　　如果要保持電的品質，維持頻率與電壓固定是相當重要的事，維持正弦波波形也很重要。商用電源的波形如果是扭曲的正弦波，就表示該交流電包含了頻率為原正弦波（50Hz或60Hz）整數倍的正弦波。這些高頻率成分的交流電波形稱為「諧波」。

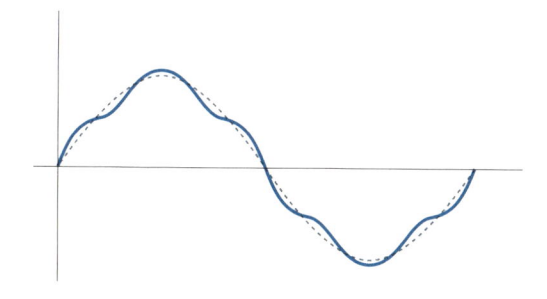

60Hz的正弦波與
10%的5次諧波（300Hz），
以及5%的7次諧波（420Hz）
合成後得到的波形

　　某些機器與日光燈的內部有能將交流電整流為直流電的元件，在施加正弦波電壓後，便會生成異於正弦波的電流，此時就會產生諧波。這可能會造成周圍電器過熱等不好的影響。

　　直流輸電中不可或缺的變流器會產生大量諧波。因此需要將高頻波難以通過的線圈，以及高頻波容易通過的電容器組合成濾波電路（參照 ㉝），設置於其中以吸收諧波，防止其流出至外部。

Chapter 8

電力在動力、化學等各領域的應用

電力的特徵包括方便、易操作、效率比其他能源高，可取代許多能源等。在 Chapter 8 中會介紹各種活用電力特徵的應用方式。

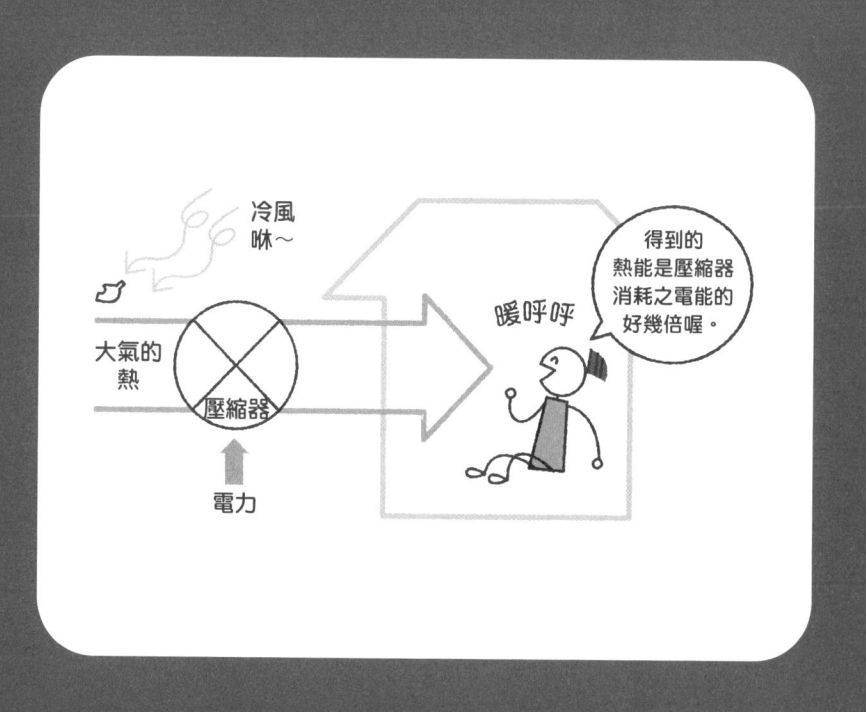

電與功

動力 / 角速度 / 力矩

46 瞭解電力與動力的關係 ——將電力轉換成動力使用

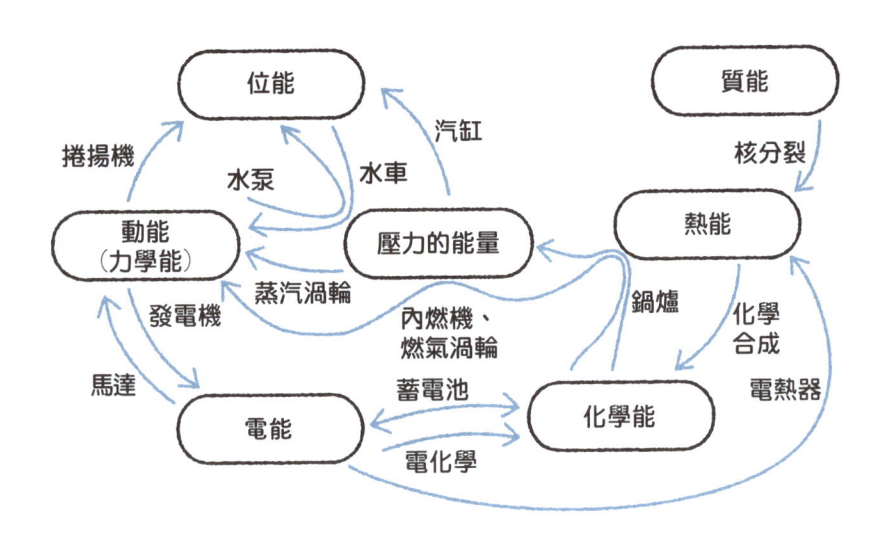

```
                  位能
     捲揚機    水泵  汽缸           質能
                      水車              核分裂
    動能
   (力學能)   壓力的能量       熱能
           蒸汽渦輪
       發電機        鍋爐    化學
                內燃機、          合成
      馬達      燃氣渦輪            電熱器
              蓄電池
           電能        化學能
              電化學
```

我們平常使用的能量有許多型態，例如動能、位能、化學能、熱能等等。電能也是其中之一。

電能可以透過馬達等機械高效率地轉換成**動力**，也就是動能。輸入馬達的電力P[W]與旋轉動力的關係為 $P = \omega T$ [W]。

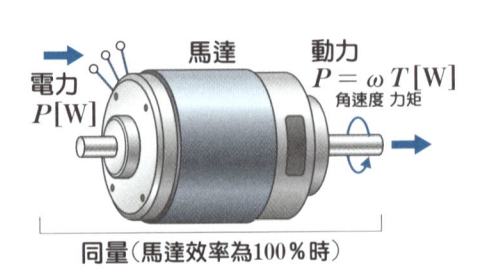

電力 P[W] → 馬達 → 動力 $P = \omega T$[W] 角速度 力矩

同量（馬達效率為100％時）

角速度ω[rad/s]為每秒旋轉的圈數再乘上角度2π[rad]。

這裡的ω是**角速度**，單位為[rad/s]；T則是**力矩**，單位為牛頓・公尺[N・m]。力矩是轉動軸的力量，為施加的力[N]與半徑[m]的乘積。動力與電力的單位都是功率[W]（**參照** ⑤）。

平面系統	對應	旋轉系統
速度 v[m/s]		角速度 ω[rad/s]
距離 s[m]		角度 θ[rad]
力 F[N]		力矩 T[N・m]（力×半徑）
質量 m[kg]		轉動慣量 I[kg・m^2]
動力 $P = Fv$[W]		動力 $P = \omega T$[W]

參考

捲揚機的例子：作業半徑為0.5[m]的捲揚機，將100[kg]的重物以每秒10[m]的速度往上拉時，需要多少電力 P？

將重物往下拉的力 F 等於質量×重力加速度，因此

$F = 100 \times 9.8$[N]

上拉重物需要的力矩，與將重物往下拉的力矩相同，因此
$T =$ 半徑 × 力 $= 0.5 \times 100 \times 9.8$[N・m]

因每秒往上拉10[m]，所以圓盤的圓周速率為 $r\omega = 10$[m/s]，$\omega = \dfrac{10}{0.5}$[rad/s]

動力 $= \omega T = \dfrac{10}{0.5} \times 0.5 \times 100 \times 9.8 = 9.8 \times 10^3$[W]

這會等於需要的電力，因此 $P = 9.8 \times 10^3$[W]

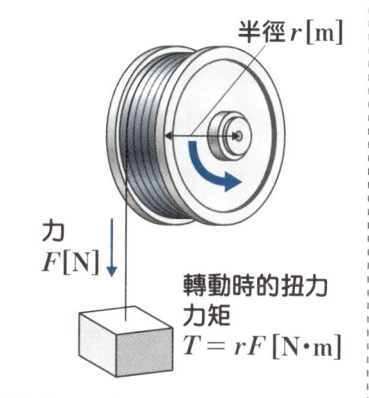

電與功　　　　　　　　　　　　　動力／感應電動勢／熱能

47　將其他能量轉換成電能 —— 發電機制

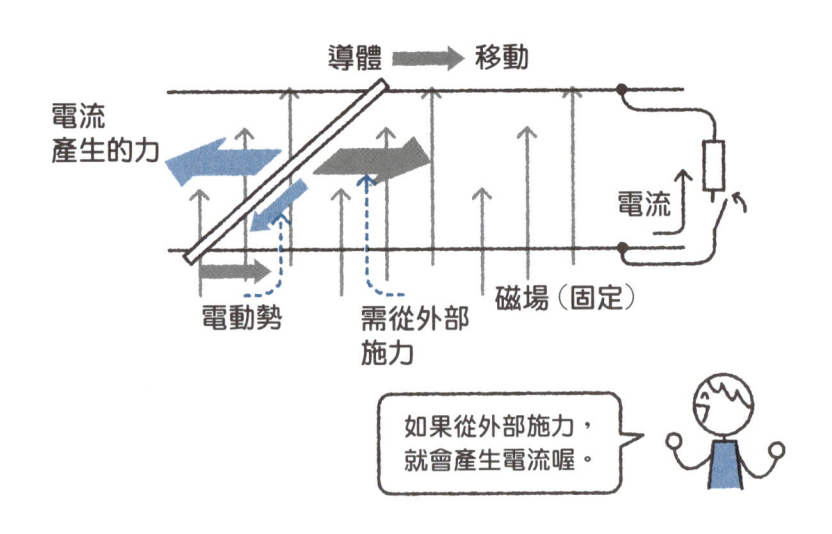

導體 ➡ 移動

電流產生的力

電流

電動勢　　需從外部施力　　磁場（固定）

> 如果從外部施力，就會產生電流喔。

所謂的發電，指的是將其他型態的能量轉換成電能。發電機可以將**旋轉的動力**轉換成電能。

旋轉動力的來源有很多種，發電時較常使用的動力來源包括水力、火力、核能等。

發電機的運作機制

由法拉第定律可以知道，導體橫切過磁場時會產生**感應電動勢**（參照 ⑦）。當這個電壓使電路產生電流時，就會生成一股使導體停止的力，而且這個力與電流成正比。如果要維持電壓與電流，就必須持續對導體施加不亞於這個力的動力。換句話說，持續施加

158

動力推動導體時，**動力會轉換成等量的電力**。

獲得旋轉動力的方法1：水力發電

位於高處的水有較大的位能。將壓力鋼管灌滿水後，鋼管末端的水壓便可產生很大的推力。這個推力可以轉動水車，將水的壓力轉換成旋轉動力。

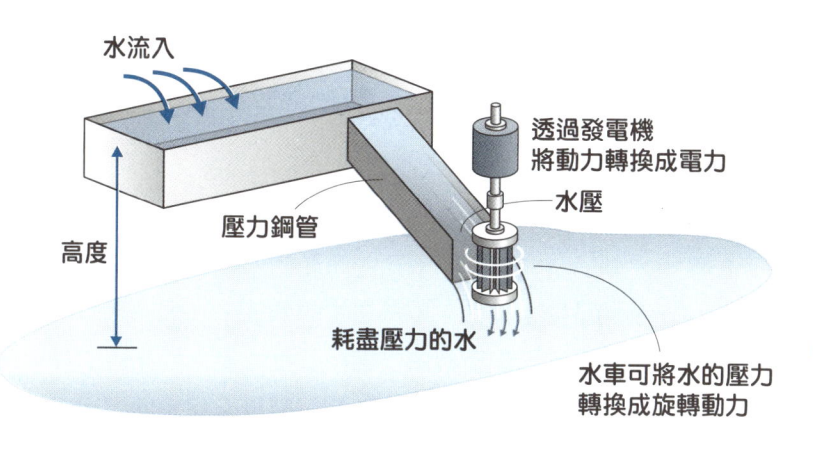

在高度落差為100[m]的發電廠，若每秒使用水量為10[t]假設水車與發電機的效率為90[%]，可得電力如下：

$$電力\ P = \underbrace{100}_{高度落差} \times \underbrace{10 \times 10^3}_{水量[kg/s]} \times \underbrace{9.8}_{\substack{重力\\加速度}} \times \underbrace{0.9}_{效率}$$

$$= 8,820 \times 10^3 [W]$$

> 用風的壓力轉動風車的風力發電，原理也一樣喔。

獲得旋轉動力的方法2：火力發電

分子內的各種原子間的化學鍵，分別含有不同的能量。燃燒時分子的鍵結會重新排列組合，並釋放出**熱能**。我們可以透過赫斯定律求出這些熱能的大小。

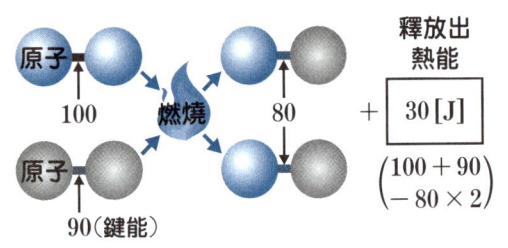

▲ 赫斯定律中,釋放熱能的示意圖

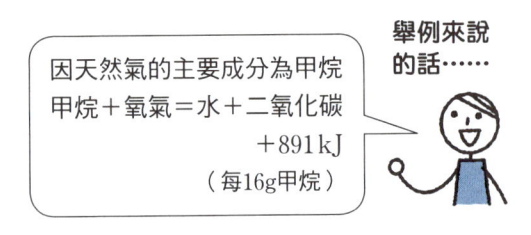

> 舉例來說的話……
> 因天然氣的主要成分為甲烷
> 甲烷＋氧氣＝水＋二氧化碳
> 　　　　　　　＋891 kJ
> （每16g甲烷）

　　加熱後得到的蒸汽或是燃燒氣體所產生的壓力,可以推動渦輪轉動,將化學能轉換成動力。不過產生的熱能中,大約只有一半可轉換成電能,剩下的熱能會經由煙囪排放至大氣,或是經由冷凝器排放至海水中。科學家們正持續改良發電機以減少熱能散逸,提高發電的效率。

　　火力發電大致上可分為以下2種。由鍋爐產生蒸汽,再利用蒸汽轉動渦輪的蒸汽發電;以及燃氣渦輪轉動後,利用排出的高溫氣體轉動蒸汽渦輪的燃氣渦輪複循環發電。

（1）蒸汽發電

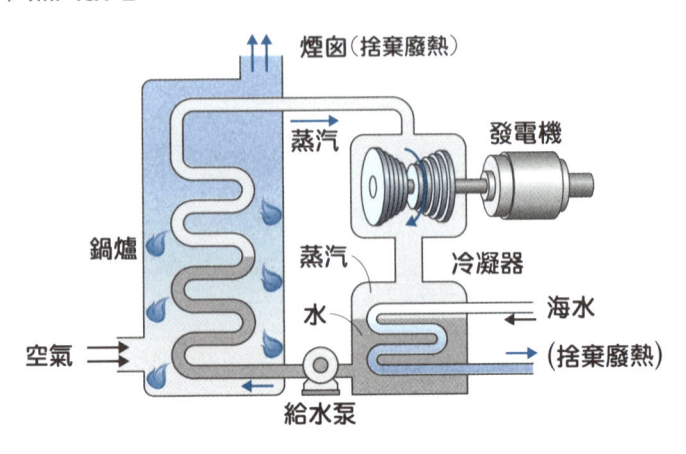

（2）燃氣渦輪複循環發電

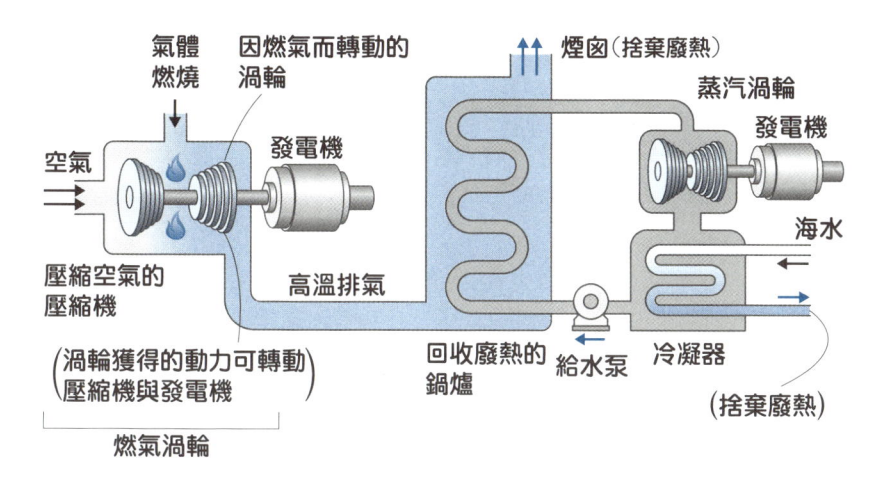

不論是蒸汽發電，還是燃氣渦輪複循環發電，都會為了提升熱效率，極力減少煙囪排氣與進入冷凝器的蒸汽廢熱，例如使用以下方法：

- 運用廢氣的熱加熱供氣
- 運用廢氣的熱加熱供水（廢氣加熱器）
- 於中途取出渦輪的蒸汽，用蒸汽的熱加熱供水

獲得旋轉動力的方法3：核能發電

鈾等較重的原子經過核分裂，分裂成2個以上的原子時，分裂後的質量總和會略小於原本的重原子。這個差異稱為**質量虧損**。質量虧損所產生的能量可由愛因斯坦發現的著名公式 $E = mc^2$ [J] 計算出來（m 為質量虧損 [kg]，c 為光速 3×10^8 [m/s]），因此只要少量的核燃料便可產生龐大的**熱能**。除了鍋爐換成原子爐之外，其他部分結構皆與蒸汽發電相同。發電時不會產生 CO_2 為其特徵。

電與磁 | 力矩 | 感應電動勢 | 轉差 | 速度控制

48 現在是交流馬達的全盛期
——馬達的種類與特徵

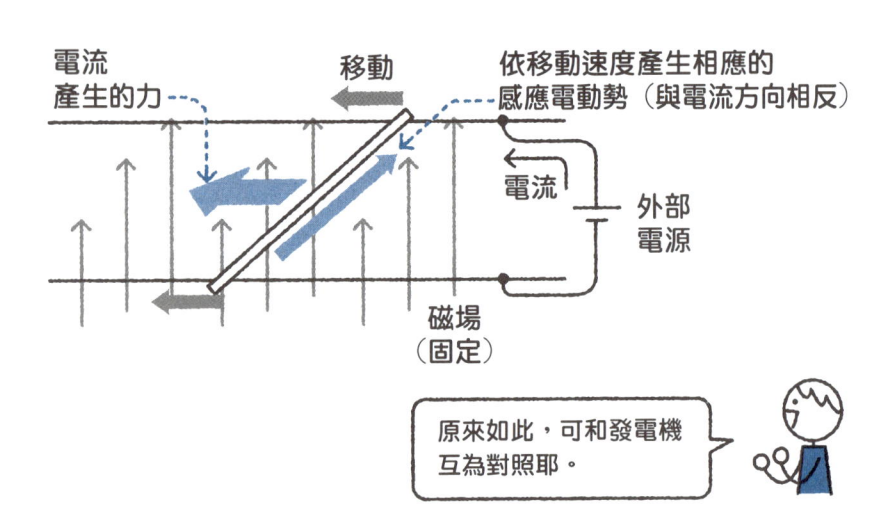

圖中標示：
- 電流產生的力
- 移動
- 依移動速度產生相應的感應電動勢（與電流方向相反）
- 電流
- 外部電源
- 磁場（固定）

> 原來如此，可和發電機互為對照耶。

發電機與馬達的結構相同，只是改變電力與動力的方向而已。不過，發電機幾乎都用於供應商用交流電源，馬達的用途則十分多樣，例如大輸出馬達、需要頻繁啟動停止的馬達、需要精密控制的馬達等等。使用目的不同，馬達本身與控制方式也會有很大的差異。

直流馬達的運作機制

在固定的磁場內放置導體並通以電流，會產生與電流成正比的**力矩**使導體移動。當導體橫切過磁場時，依照法拉第定律會產生與速度成正比的**感應電動勢**，抑制電流（參照 ⑦）。

場磁繞組

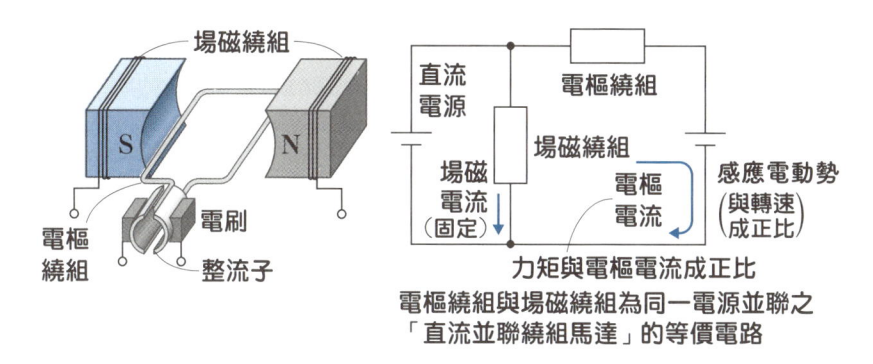

電樞繞組　電刷　整流子

直流電源　電樞繞組　場磁繞組

場磁電流（固定）　電樞電流　感應電動勢（與轉速成正比）

力矩與電樞電流成正比
電樞繞組與場磁繞組為同一電源並聯之「直流並聯繞組馬達」的等價電路

在直流馬達內部，產生磁場的是定子側的場磁繞組，置於磁場內的導體是轉子側的電樞繞組，外部電源則透過電刷與整流子供應電流。

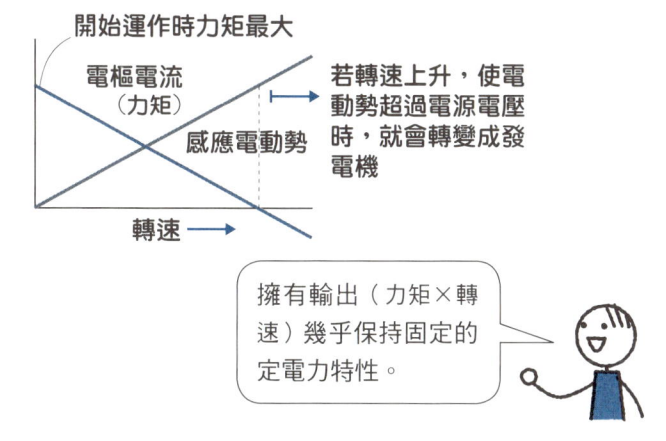

開始運作時力矩最大
電樞電流（力矩）
感應電動勢
轉速→

若轉速上升，使電動勢超過電源電壓時，就會轉變成發電機

擁有輸出（力矩×轉速）幾乎保持固定的定電力特性。

如果將電阻與電樞繞組串聯，調整電流，就能自由控制力矩，因此直流馬達的速度可控制性相當優異。不過，電流需要透過電刷與整流子流入轉子中的電樞，因此電刷的摩擦耗損非常劇烈，保養上相當費工夫，為其一大缺點。

交流感應馬達的運作機制

在定子線圈上施加三相交流電，使其產生**旋轉磁場**。轉子導體在橫切過磁場時會因為**感應電動勢**而生成電流，進而產生力矩並開始旋轉。不過轉子的轉速與旋轉磁場一致時，就不會產生感應電動

勢，電流為零，力矩也是零。換句話說，感應馬達的旋轉磁場與轉子的相對角速度差十分重要，這個數值叫做**轉差** s（s值為0～1，0＝角速度差為零、1＝轉子停止）。

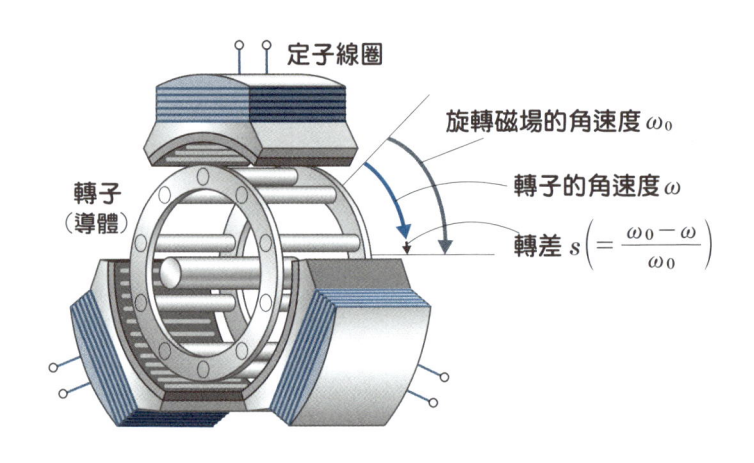

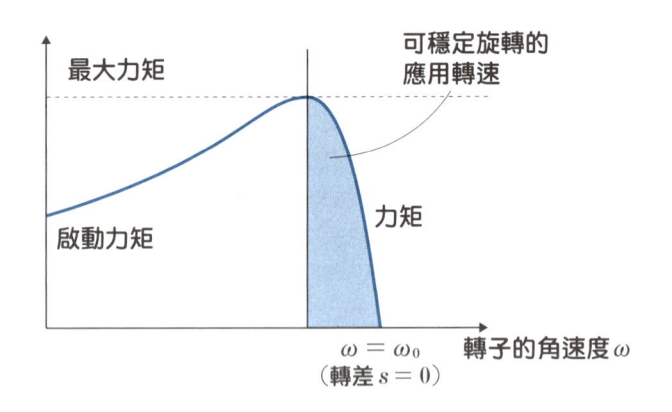

定子線圈
旋轉磁場的角速度 ω_0
轉子的角速度 ω
轉子（導體）
轉差 $s\left(=\dfrac{\omega_0-\omega}{\omega_0}\right)$

最大力矩
可穩定旋轉的應用轉速
啟動力矩
力矩
$\omega=\omega_0$
（轉差 $s=0$）
轉子的角速度 ω

　　感應馬達使用時的轉差會在2～4[％]左右，較難進行**速度控制**，卻有堅固、易於保養的優點。

交流同步馬達的運作機制

　　同步馬達的磁鐵位於轉子側，在轉差0的狀態下，藉由磁耦合使轉子旋轉。特徵為馬達的效率高，但啟動較費工夫，且速度必須與電源的**旋轉磁場**轉速一致。

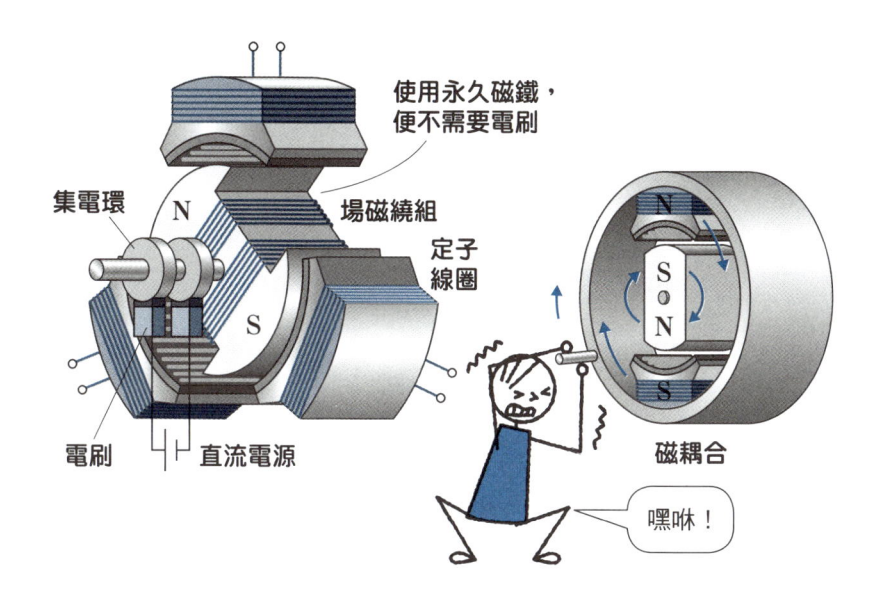

[圖說：使用永久磁鐵，便不需要電刷／集電環／場磁繞組／定子線圈／N／S／電刷／直流電源／磁耦合／嘿咻！]

▼ 各種馬達的特徵

	直流馬達	交流感應馬達	交流同步馬達
啟動特性	啟動力矩大	啟動力矩小	無法自我啟動（需要啟動裝置）
速度可控制性	良好	不好 若使用逆變器電源驅動，則為良好	不可（定速旋轉） 若使用逆變器電源驅動，則為良好
效率	不好	比直流馬達好	最好
可保養性 牢固性	不好	良好	比感應馬達差（若使用永久磁鐵作為場磁，則為最好）

以前，如果想控制馬達的速度與力矩，一般會犧牲可保養性而選用直流馬達。不過在發明了逆變器電源後，電壓與頻率可以自由設定，提升了交流馬達的可控制性，速度與直流馬達相仿，因此越來越多人改採用感應馬達。另外，也有越來越多人採用可保養性與效率最高的永磁同步馬達。

電的使用方法　　　直流串聯繞組馬達　感應馬達　線性馬達

49 以電力推動物流以及人們的交通工具——鐵路

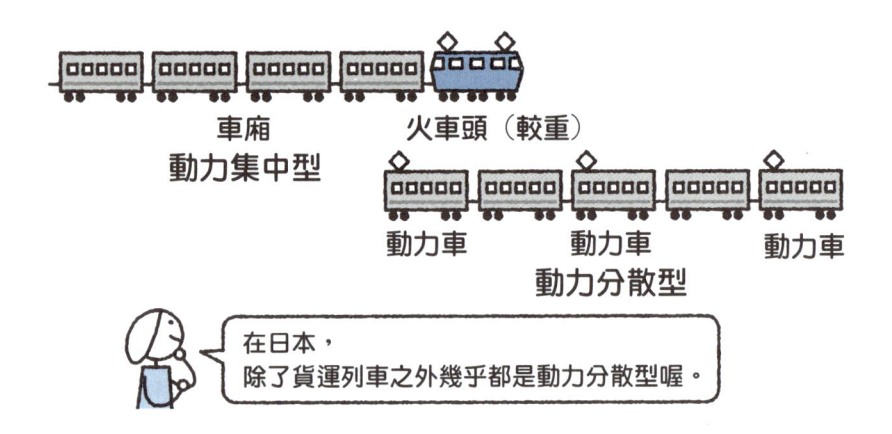

車廂
動力集中型

火車頭（較重）

動力車　動力車　動力車
動力分散型

在日本，除了貨運列車之外幾乎都是動力分散型喔。

車廂厚重的電車不只需要高速行駛，還要能夠頻繁地發車、停止。因此電車一直以來都是使用**直流串聯繞組馬達**，在這種特殊馬達內，場磁繞組與電樞繞組是以串聯相接。這種馬達有很大的啟動力矩，但卻可以高速運轉，因此不需要汽車等引擎車輛必備的變速機來切換齒數比。

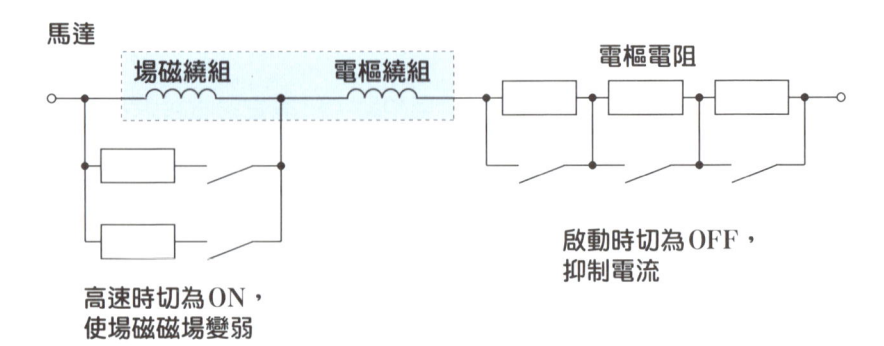

馬達

場磁繞組　電樞繞組　　電樞電阻

高速時切為 ON，
使場磁磁場變弱

啟動時切為 OFF，
抑制電流

166

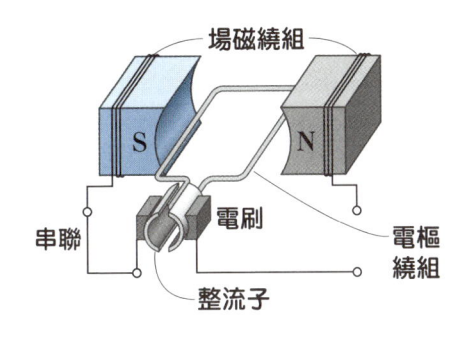

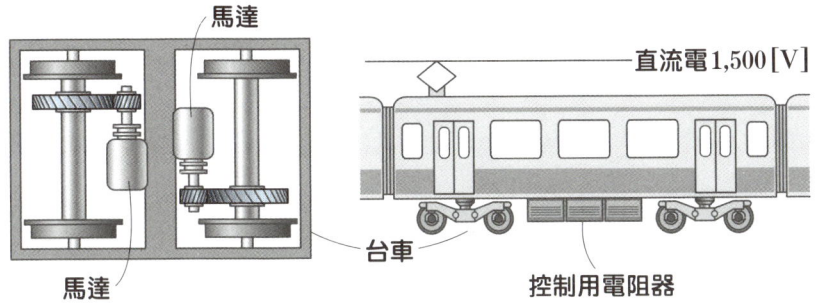

(（ 圖示：直流馬達結構，含場磁繞組、電樞繞組、整流子、電刷、串聯；台車與馬達；直流電1,500[V] 電車與控制用電阻器 ）

（1）直流饋電與交流饋電

因為使用的是直流馬達，吊線的電力供給（稱為「饋電」）大多採用直流電。不過新幹線與北海道、東北、北陸、九州的在來線（譯註：非新幹線的傳統JR鐵路，類似台灣的台鐵），則是採用交流饋電。使用交流饋電的系統會在車廂上將交流電整流成直流電，以驅動直流馬達。

交流電20[kV] 電壓較高，因此吊線的絕緣成本較高卻可減少地面的變電所

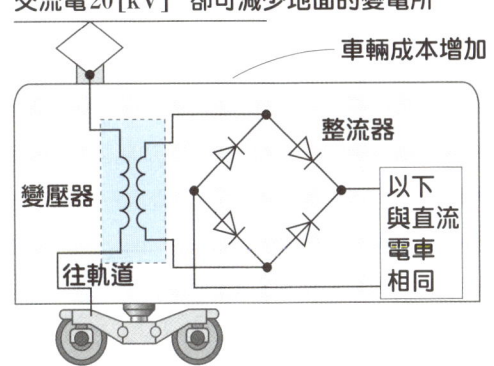

（圖示：車輛成本增加；變壓器、整流器；往軌道；以下與直流電車相同）

> 在來線的交流電化會提高成本，但交流電較適合需要使用大電力的新幹線。

順帶一提，東海道、山陽、九州新幹線的交流電為60[Hz]，東北、上越、北海道新幹線的交流電為50[Hz]。北陸新幹線則會隨區間不同而交替使用50[Hz]與60[Hz]。在交流區間與直流區間之間，或是不同頻率的交流區間之間，有名為中性區的無電壓區間，使電車以滑行方式通過。

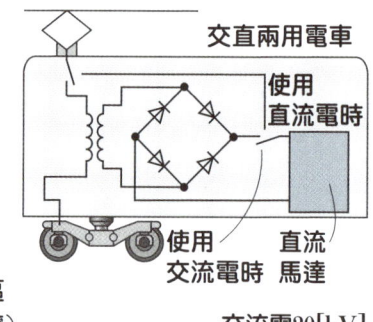

交直兩用電車
使用直流電時
使用交流電時　直流馬達

直流電 1,500[V]　中性區（無電壓）　交流電20[kV]

滑行
軌道

（2）使用交流馬達

近年來，越來越多鐵路使用逆變器自由改變電壓與頻率，並使用交流鼠籠型**感應馬達**驅動。不僅性能不遜於直流串聯繞組馬達，還能解決直流馬達的電刷與整流子不易保養的問題。另外，在某些

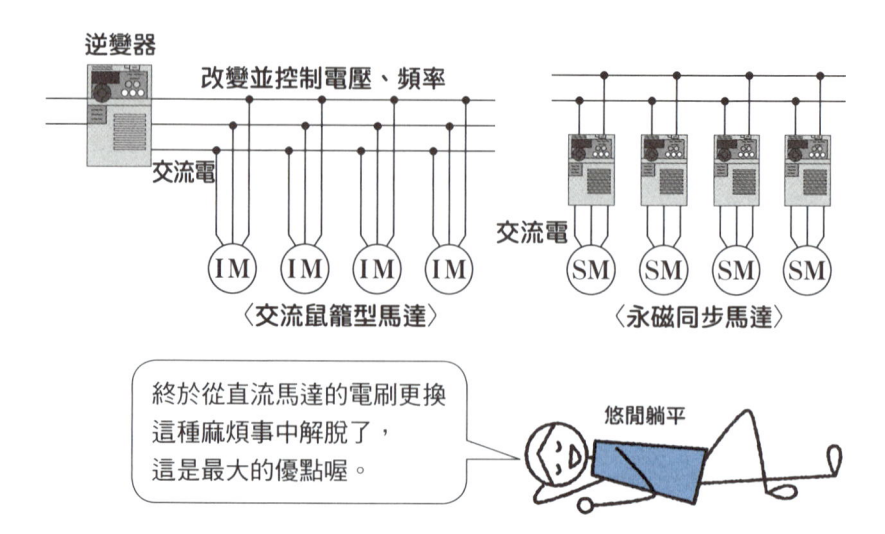

逆變器
改變並控制電壓、頻率
交流電
〈交流鼠籠型馬達〉　〈永磁同步馬達〉

終於從直流馬達的電刷更換
這種麻煩事中解脫了，
這是最大的優點喔。

悠閒躺平

例子中，還會使用能量效率與可保養性最優異的永磁同步馬達。

這類高性能車廂，減速時可以利用列車的動能發電，將電力回饋到吊線，這種功能稱為**再生制動**。再生制動可以回收加速時消耗之電能的3成以上，能夠大幅節省能源。

（3）線性馬達驅動

將圓柱形的交流感應馬達切開拉長，就是**線性馬達**的概念。採用線性馬達可讓車廂小型化，日本全國各地許多的地下鐵都採用了這種馬達。如此一來，隧道的截面積只要一半，不僅能減少建設費用，加速與減速時也不需要依賴車輪與軌道的摩擦，可以在陡坡上行駛，為相當大的優點。

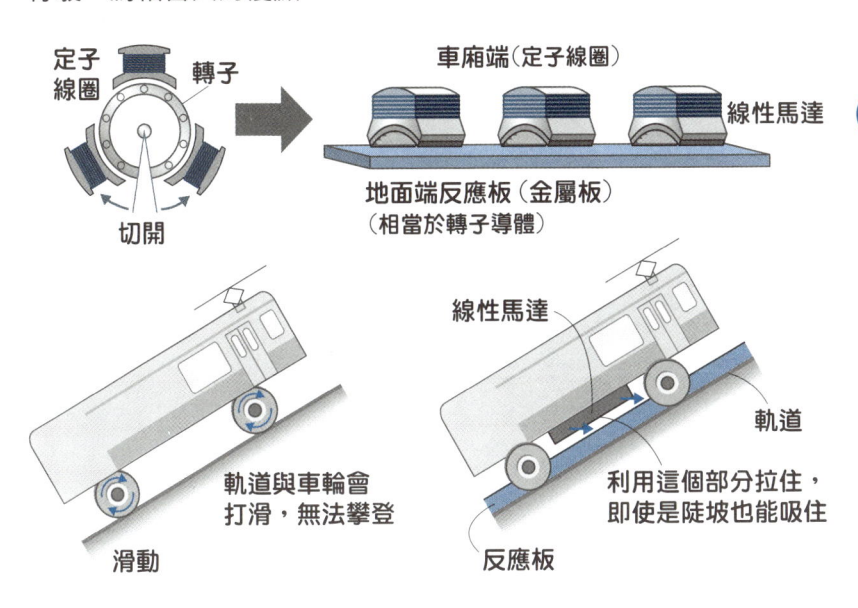

電與熱　　　　　　　　　　　絕熱壓縮　絕熱膨脹　冷媒

50 省電王牌的魔法熱源
── 熱泵

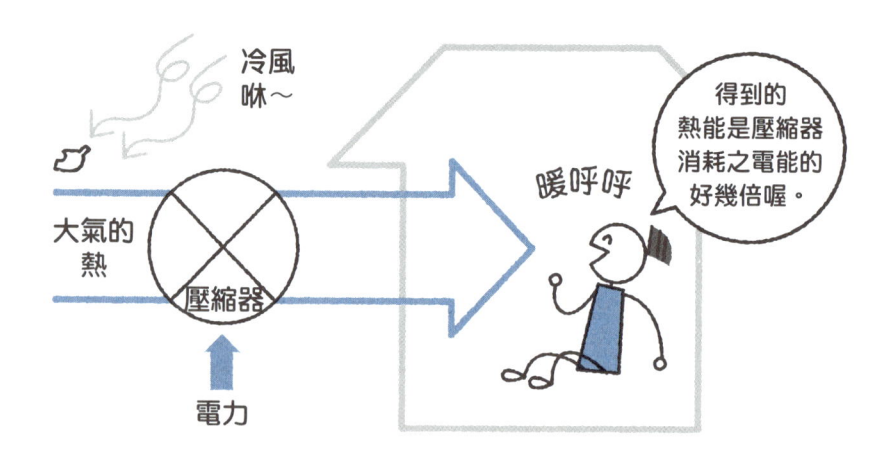

冷風咻～

大氣的熱

壓縮器

電力

暖呼呼

得到的熱能是壓縮器消耗之電能的好幾倍喔。

電熱器消耗的電能與產生的熱能相等。不過如果使用熱泵，得到的熱能會是消耗之電能的好幾倍。

熱泵的原理

於密閉狀態下壓縮氣體，稱為**絕熱壓縮**，這時候氣體溫度會上升。溫度上升的氣體靜置一陣子後，熱能會散逸至外部，回復到原本的溫度。如果在此時使氣體恢復到原本的壓力，即為**絕熱膨脹**，氣體溫度便會低於外部溫度。這就是熱泵的運作原理。

液體蒸發時會吸收大量的汽化熱。蒸氣凝結成液體時，則會釋放大量的凝結熱。實際的熱泵就是善用這些汽化熱與凝結熱，高效

率地傳遞熱能。

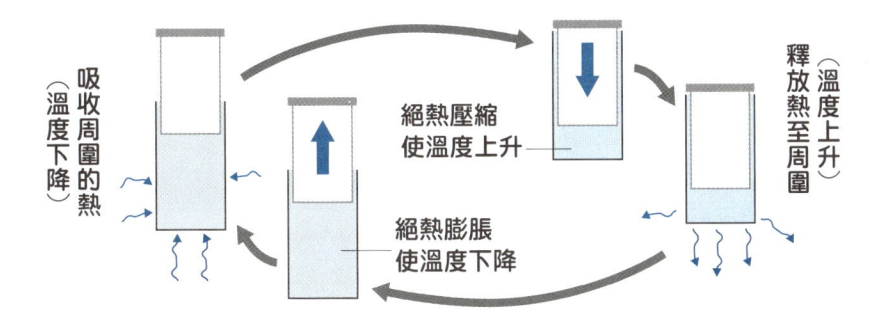

```
（吸收周圍的熱）（溫度下降）    絕熱壓縮
              使溫度上升     （釋放熱至周圍）（溫度上升）

              絕熱膨脹
              使溫度下降
```

熱泵的結構

　　熱泵的核心就在循環於內部，反覆蒸發與凝結的**冷媒**。冷媒必須是能在目標溫度區間有效率地蒸發、凝結，且化學性質穩定的物質。過去人們曾使用氟氯碳化物作為冷媒，現在則改用比較不會破壞大氣臭氧層的氫氟碳化物。

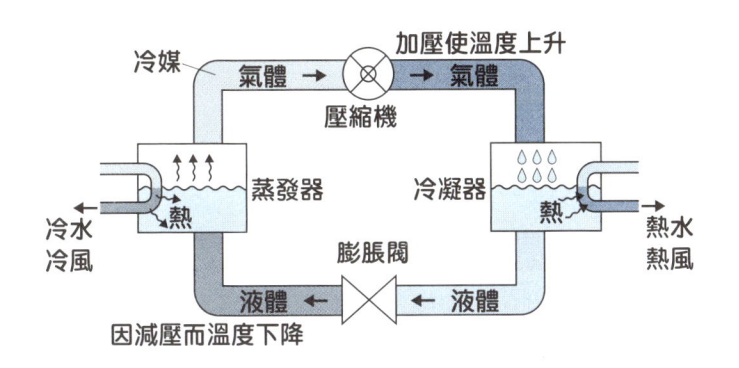

```
        冷媒    氣體 →  加壓使溫度上升
                      → 氣體
                  壓縮機
      蒸發器              冷凝器
  冷水                            熱水
  冷風    熱                熱    熱風
              膨脹閥
              液體 ←   ← 液體
      因減壓而溫度下降
```

　　使用空調的冷氣功能時，室外機為冷凝器，室內機為蒸發器。

　　使用暖氣功能時，運轉方式則相反，冷凝器與蒸發器也跟著反過來。

電與化學　　　　　　　　　　　　　電子　氧化反應　還原反應

51 電在化學世界中也相當活躍——電化學

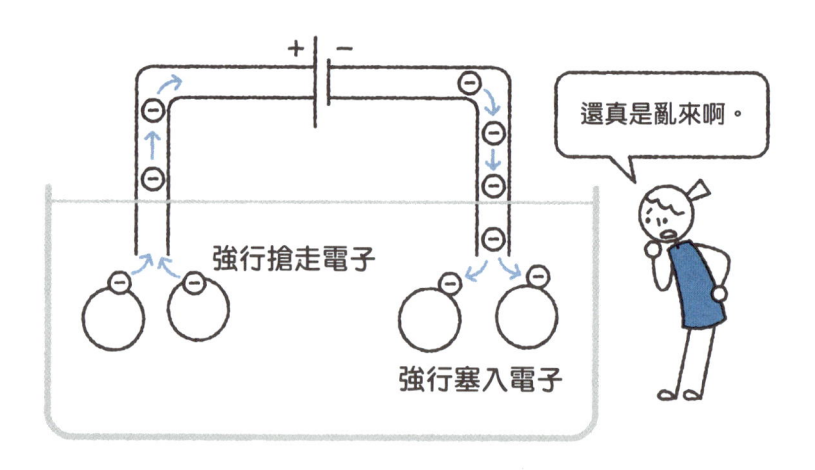

強行搶走電子

強行塞入電子

還真是亂來啊。

　　電有強行引發化學反應的能力。**電化學**就是利用電引發化學反應的學問，例如我們周圍的乾電池或可充放電的充電電池，就是應用電化學的成果。電化學可應用在電鍍、鋁精煉等許多工業領域。

　　將電極放入液體後，負極（陰極）會將**電子**（e^-）釋放至周圍的液體中；正極（陽極）則會從周圍的液體奪取電子。也就是說，陽極周圍會產生**氧化反應**，陰極周圍則會產生**還原反應**。

　　食鹽電解為電化學在工業領域中的代表性例子。在電極間設置的離子交換膜，可選擇性地讓鈉離子等陽離子通過，不讓氯離子等陰離子通過，藉此可防止氯離子混入陰極電解液，提高苛性鈉（氫

氧化鈉）的濃度。

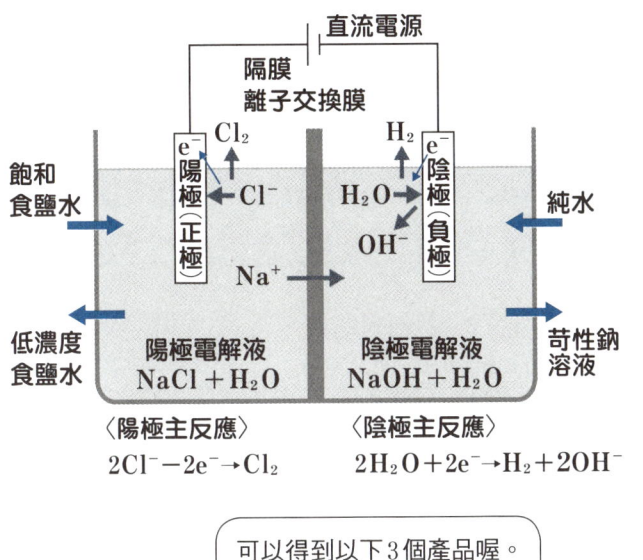

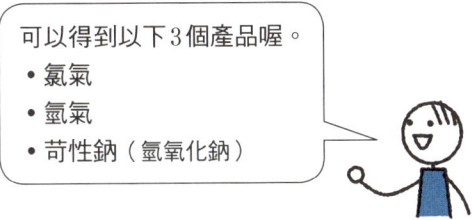

```
               直流電源
           隔膜
           離子交換膜
    Cl₂          H₂
 ┌e⁻┐           ┌e⁻┐
 │陽│←Cl⁻   H₂O→│陰│
飽和│極│          │極│  純水
食鹽水│(正│    OH⁻ │(負│
 │極)│          │極)│
 └──┘   Na⁺→   └──┘
                                
低濃度  陽極電解液    陰極電解液    苛性鈉
食鹽水  NaCl+H₂O    NaOH+H₂O    溶液

  〈陽極主反應〉      〈陰極主反應〉
  2Cl⁻－2e⁻→Cl₂    2H₂O+2e⁻→H₂+2OH⁻
```

〈陽極主反應〉
$2Cl^- - 2e^- \to Cl_2$

〈陰極主反應〉
$2H_2O + 2e^- \to H_2 + 2OH^-$

可以得到以下3個產品喔。
- 氯氣
- 氫氣
- 苛性鈉（氫氧化鈉）

在原本裝有飽和食鹽水的陽極室，食鹽的氯離子會失去電子，生成氯氣，多餘的鈉離子則會穿過膜，移動到陰極室。

在原本裝有純水的陰極室，水會獲得電子，生成氫氣，多餘的氫氧根離子則會與來自陽極室的鈉離子結合，形成氫氧化鈉（苛性鈉）水溶液。

除了像上面說明的那樣在水溶液中進行反應之外，還可以加熱固態食鹽，使其熔化成液態後再電解，稱為「熔融鹽電解法」。主要用於鋁Al或鈉Na等輕金屬的精鍊。

電與熱　　　　　　　　　　　　　感應電動勢　微波　介電質

52 只有電做得到的神奇能力——感應加熱與微波加熱

	感應加熱（IH爐）	微波加熱（微波爐）
加熱原理	電流造成的焦耳熱	摩擦熱
加熱對象	導體	絕緣體
加熱位置	集中於表面	內外均勻加熱

> IH爐與微波爐的原理完全不同耶。

　　從能量效率的角度來看，將電轉換成熱能使用的話稍嫌浪費，但有些加熱方法只有電才辦得到，那就是感應加熱與微波加熱。均勻加熱可以提升品質、生產力、清潔程度、安全性等，有許多優點。

感應加熱

　　將線圈通以交流電時會產生磁場，如果附近有金屬，便會因為法拉第定律使金屬產生**感應電動勢**，並生成渦電流（參照⑦）。運用這個渦電流產生的熱加熱金屬，稱為感應加熱。

〈IH爐〉

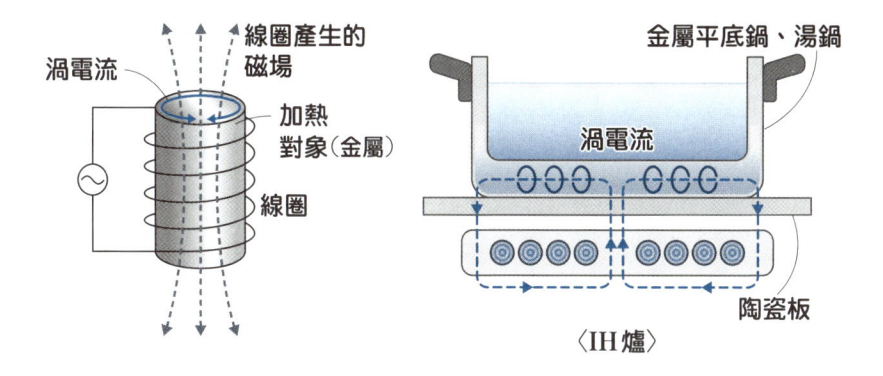

微波加熱

微波指的是波長約1[mm]～1[m]（300[MHz]～300[GHz]）的電磁波。用微波照射絕緣的**介電質**可以加熱物體。介電質分子會極化成有正極端與負極端的偶極子結構。在電場中，這種分子偶極子會依照電場方向排列。電磁波會使電場方向依照頻率劇烈改變，因此在電磁波內的介電質，內部的分子偶極子會劇烈地旋轉摩擦，進而發熱。使物質從內部加熱是微波加熱的最大特徵。

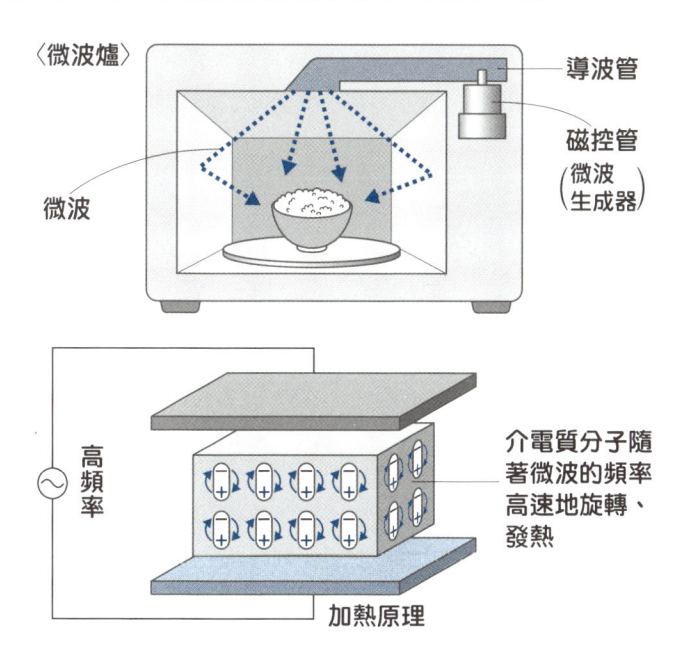

〈微波爐〉

加熱原理

電的使用方法

發光效率 / 半導體

53 電力應用的開端 —— 照明的機制

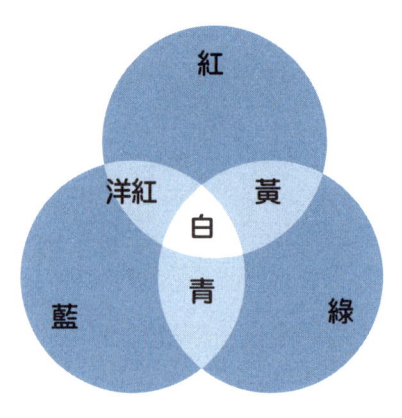

紅、綠、藍：
光的三原色

Cyan、Magenta、Yellow：
（青）（洋紅）（黃）
顏色的三原色

今日，電已是人們生活中不可或缺的一部分。照明在耗電量的比例中並不算高，不過方便、明亮、安全的照明，可以說是用電發展的起點。在未來，照明的重要性也不會改變。讓我們來看看主要照明裝置的發光機制吧。

白熾燈泡

耐高溫、電阻大的鎢製燈絲在發熱時會發光。為了讓燈絲不會因高溫而燃燒起來，燈泡內會填充氬氣等惰性氣體以隔絕氧氣。由於大部分的電能都轉變成熱能而非光能，因此**發光效率**較低，鎢製燈絲曾是照明裝置史中的重要角色，但它的壽命幾乎已到了終點。

惰性氣體

鎢製燈絲

愛迪生發明燈泡當時,燈絲是用京都的竹子製成的碳纖維喔。

日光燈

在玻璃管內的電極施加電壓加熱,管內會產生放電現象,飛出電子。這些電子撞擊到玻璃管內的汞蒸氣之後,會釋放出紫外線。紫外線照到玻璃管內側的螢光物質塗層會轉變成可見光。使日光燈開始放電的結構需要特別設計,最簡單的是手動開啟,長按開關可以加熱電極,放開開關的瞬間,穩定器的電抗會產生高電壓而開始放電。

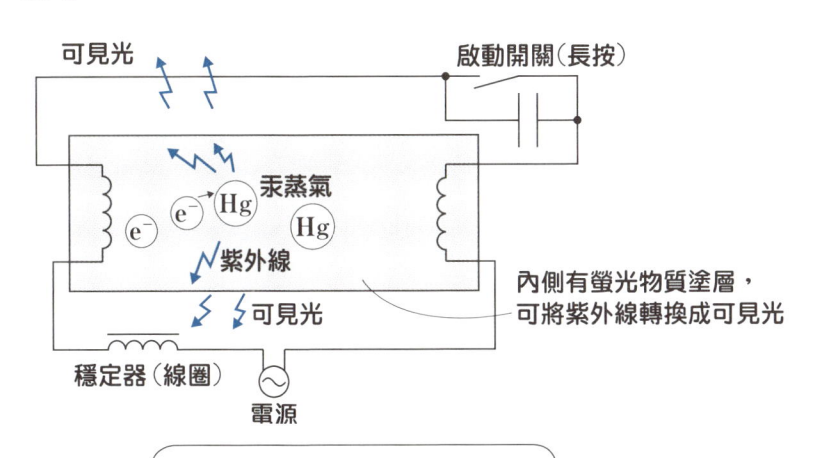

可見光

啟動開關(長按)

汞蒸氣

e^- Hg Hg

紫外線

可見光

內側有螢光物質塗層,可將紫外線轉換成可見光

穩定器(線圈)

電源

紫外線與可見光都是電磁波,但人類的眼睛看不到波長較短(頻率較高)的紫外線。

汞燈、鈉燈

　　汞燈是藉由汞蒸氣的電弧放電而發光。發光效率比白熾燈泡還高，適合較大的輸出，廣泛用於室外照明。在含有汞與少量氬氣的密封內管（也叫做放電管或是發光管）中有電極，發光時會產生高溫，因此還有一層外管包覆，為雙層結構。因為國際上《關於汞的水俣公約》生效，2021年以後禁止製造與進口汞燈，各地正迅速將汞燈更換成其他替代品。

　　鈉燈與汞燈的結構相同，藉由鈉蒸氣的電弧放電而發光。在實用光源中，鈉燈的**發光效率**最高，然而發出的橙色單色光**演色性**較差，難以看出被照射物體的顏色，因此用途相當有限，僅能用於隧道內的照明等。

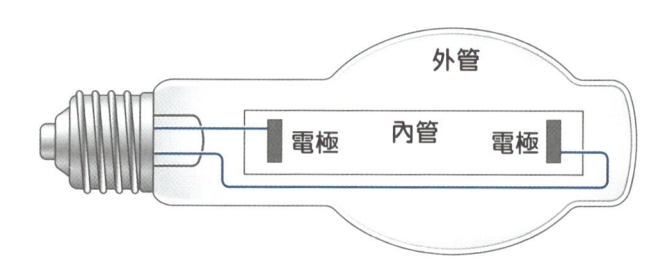

LED燈

　　於矽中摻入雜質，使電子數多於質子數，可得到**n型半導體**；如果摻入雜質使電子數少於質子數，則可得到**p型半導體**。將n型半導體與p型半導體接合，並於p型半導體側施加正電壓，電子通過接合面時便會釋放出能量而發光。LED燈的**發光效率**高，**壽命長**，不僅取代了白熾燈泡，連日光燈、汞燈也陸續被其取代，使LED燈迅速普及。

　　照明用LED燈不可或缺的藍光LED於1990年代終於實用化。發明藍光LED的人是中村修二、赤崎勇、天野浩等3人，他們獲得了2014年的諾貝爾物理學獎。

```
              p型半導體          n型半導體
              ⊕  ⊕ →          ⊖ ← ⊖
                電洞              電子
              ⊕  ⊕ →  ⊕        ⊖  ⊖  ⊖
```

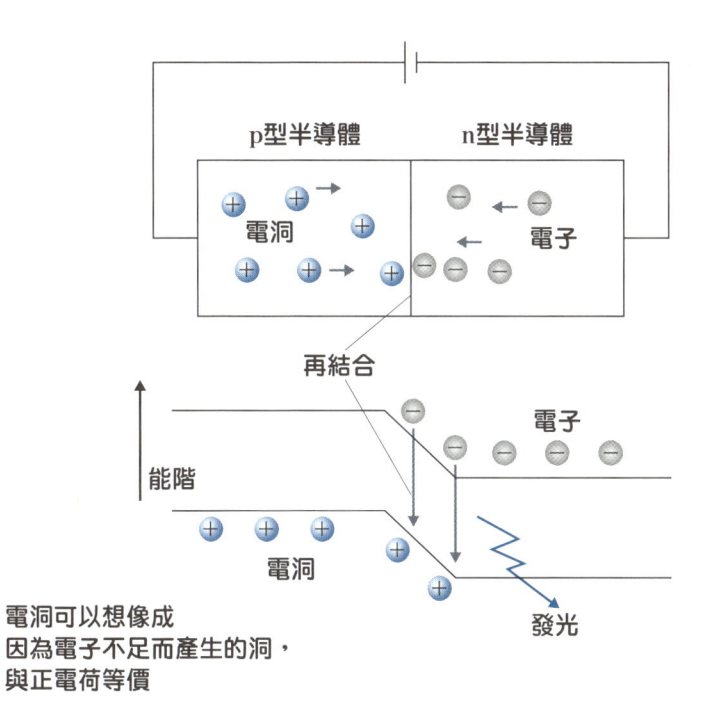

再結合

能階

電洞

發光

電洞可以想像成
因為電子不足而產生的洞，
與正電荷等價

> 電子從能量較高的位置跳到能量較
> 低的位置，將能量差以光的形式釋
> 放出來。

嗯～就像科幻世界一樣耶。

	發光效率 [lm（流明※）/W]	壽　命 [小時]
白熾燈泡	10～20	1,000～2,000
日光燈	40～110	6,000～12,000
汞燈	50～60	6,000～12,000
鈉燈	120～180	24,000
LED 燈	100～200	40,000

※流明為光源釋放出之光量的單位，除以電功率後即為發光效率。

專欄 10　照明燈的亮度單位

照明的亮度有以下多個指標，需要依照目的使用不同的單位。

光通量：單位為流明[lm]
光源釋放出來的光的總量，光會往所有方向釋放。光源的發光效率為流明[lm]除以消耗電功率[W]得到的數值。

光度：單位為燭光[cd]
單位立體角的光通量，燭光[cd]為流明除以角度的單位。即使是光通量相同的光源，如果使用反射板、透鏡改變光的方向，便可提高光度。

照度：單位為勒克斯[lx]
抵達欲照射對象之單位面積的光通量，勒克斯[lx]為流明除以面積[m^2]的單位。裝設照明裝置時，確保照度為最優先事項。

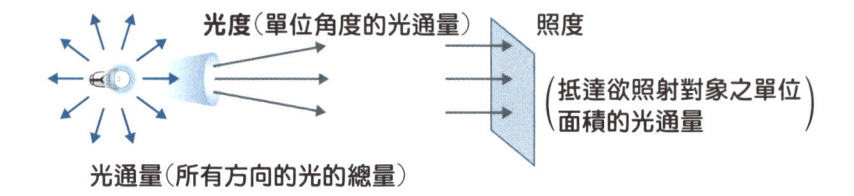

光度（單位角度的光通量）

照度（抵達欲照射對象之單位面積的光通量）

光通量（所有方向的光的總量）

另外還有輝度、色溫、演色性等指標。

電的使用方法 　　商用電源　整流　直流電

54 遍布生活的每個角落——家電或資訊機器的電源供應

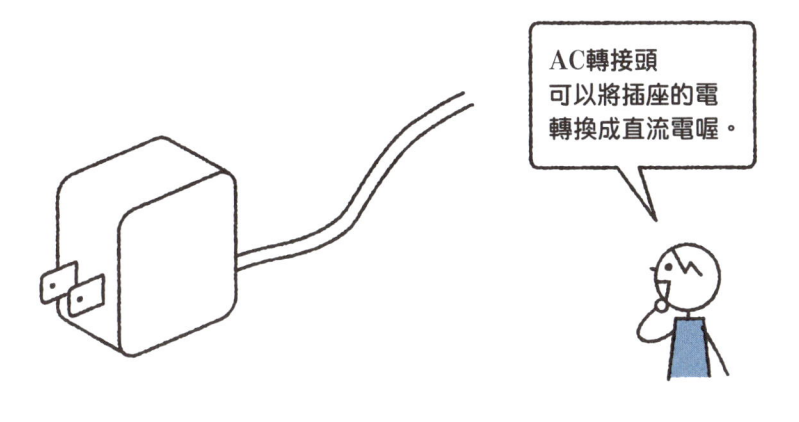

> AC轉接頭可以將插座的電轉換成直流電喔。

智慧型手機、平板電腦、個人電腦等資訊用品，電視、錄放影機、音響等AV設備。這些機器內部都是由直流電驅動。本節讓我們來看看商用電源供應的電力，如何轉換成這些機器所需要的直流電。

線性電源

活用電壓可自由改變的交流電特性，**用變壓器降壓**後，**整流成直流電**，再用3端子穩壓器使其穩定至目標電壓。使用3端子穩壓器時，輸入與輸出的電壓差會產生熱耗損，而且變壓器又重又大，使整體機器難以小型化、輕量化，目前已很少採用這種方式。

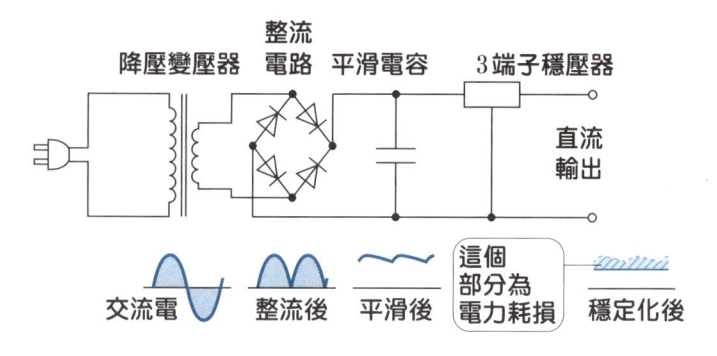

降壓變壓器　整流電路　平滑電容　3端子穩壓器

交流電　整流後　平滑後　這個部分為電力耗損　穩定化後

> 輸出雜訊較少，因此適合用於高精密度的檢測器或高音質的音響設備。

切換式電源

將**商用電源直接整流**而成的直流電，使用高速電晶體開關切換ON/OFF，再通過小型**高頻變壓器**，再度**整流**成直流電。為了防止漏電事故，高頻變壓器需要與商用電源及內部電路絕緣。因為頻率比商用電源高很多，變壓器可以大幅小型化。整體電源小而輕，能量耗損也比較少，因此相當普及。

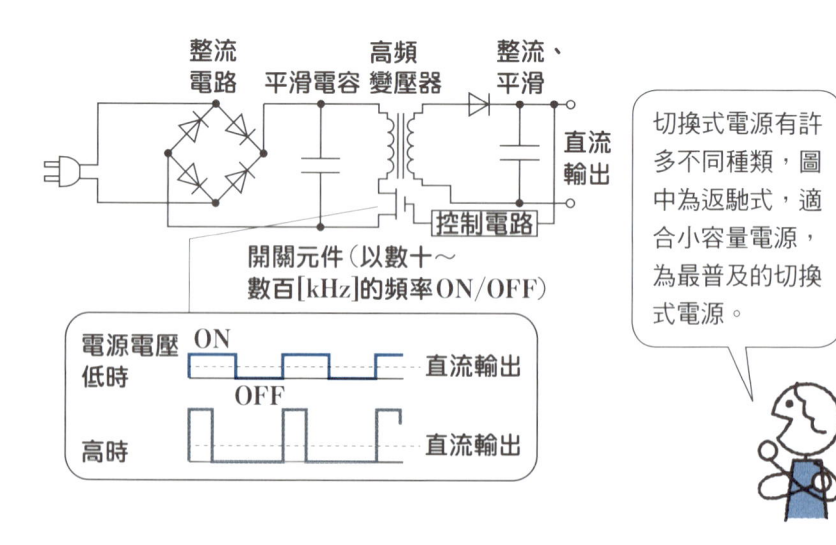

整流電路　平滑電容　高頻變壓器　整流、平滑　直流輸出

控制電路

開關元件（以數十～數百[kHz]的頻率ON/OFF）

電源電壓低時　ON／OFF　直流輸出
高時　直流輸出

> 切換式電源有許多不同種類，圖中為返馳式，適合小容量電源，為最普及的切換式電源。

Chapter 9

碳中和與電力

地球暖化問題亟待解決,刻不容緩。為了實現碳中和,使溫室氣體的排放量實質歸零,電力扮演著不可或缺的角色。在 Chapter 9 中,我們會介紹實現碳中和的過程中,電力所扮演的角色。

地熱　　生質能源

太陽能　風力　水力

未來的電　　　　　　　　　碳中和　鼓勵電力化　去碳化

55 用電救地球 —— 碳中和與電

門檻太高了吧！

近年來，**碳中和**一詞幾乎時時刻刻都出現在我們的生活中。所謂的碳中和，指的是降低造成地球暖化的 CO_2 等溫室氣體的排放量，使其實質歸零。所謂的實質歸零，指的是盡可能減少排放量，就算有排放溫室氣體，量也要少到能與森林等吸收的溫室氣體量剛好抵銷，使淨排放量歸零。全球各國正在實施各種策略，希望能在2050年達成這個目標。

電力在實現碳中和的過程中，扮演著最重要的角色。因為電在所有能源中最容易操控，可取代多種能源，而且水力、太陽能、核能等多種非使用化石燃料的發電方式已經實用化。積極運用這些性質，便可找到實現碳中和的道路。

要實現碳中和,必須透過以下方法。

① 鼓勵節能
   (引進高效率機器、回收廢熱等)
② **鼓勵電力化**
   (熱泵熱源、電動車等)
③ 電力來源的**去碳化**
   (太陽能、風力、生質能源、核能發電等)
④ 火力發電燃料的**去碳化**
   (改用氫、氨等)
⑤ CO_2的吸收
   (透過森林吸收、將CO_2儲存在地層內等)

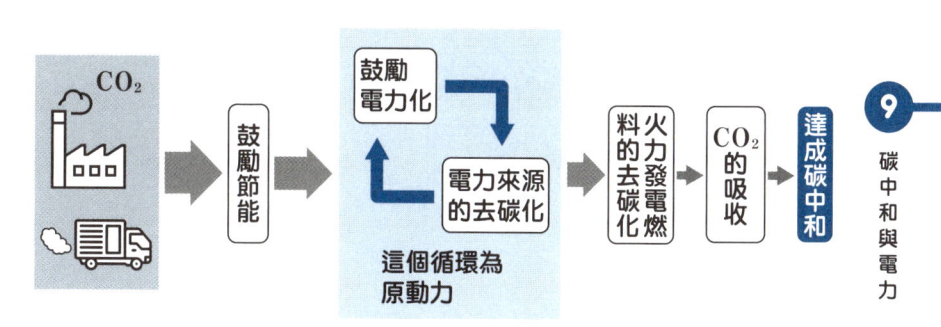

在會用到化石燃料的地方改用電力取代,並鼓勵電力來源的去碳化,這個循環是減少CO_2排放的原動力。

電與功 | 看天吃飯 | 備轉容量

56 只有電才做得到的去碳化 —— 再生能源

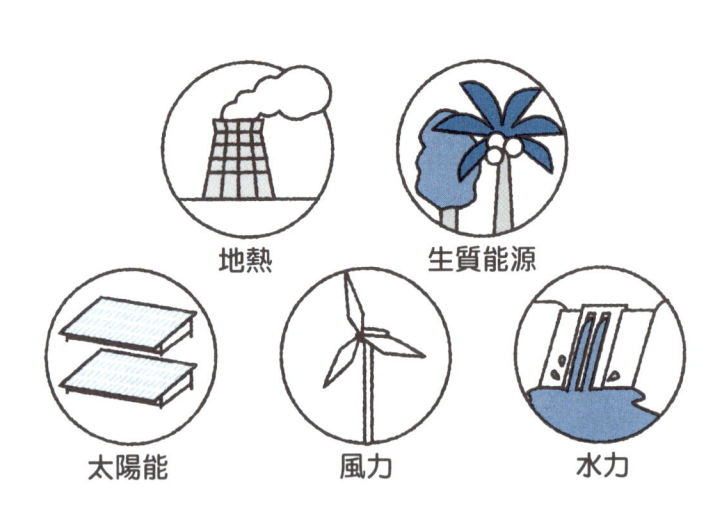

地熱　生質能源
太陽能　風力　水力

發電方法有很多種，這個觀念在實現碳中和的過程當中十分重要。其中，不使用化石燃料的發電方式，包括核能發電與再生能源發電。隨著能源消耗電力化的進展，增加這些發電方式的發電量，也成為實現碳中和的過程中不可或缺的一環。再生能源包括人們長久以來使用的水力發電，還有本節介紹的各種發電方式。

然而，與傳統的發電方式相比，整體而言，再生能源還有許多問題，包括發電成本較高、輸出不穩定、發電量有限等等。開發新技術以解決這些問題，為普及再生能源的關鍵。

太陽能發電

當有電流通過LED燈時，LED燈就會發光（**參照** 53）。另一方面，有些東西在照到光時會產生電動勢，進而生成電流。不過，因為要有效率地攔截能量稀薄、照射範圍廣大的陽光，所以太陽能板的外觀與LED燈有很大的差異。

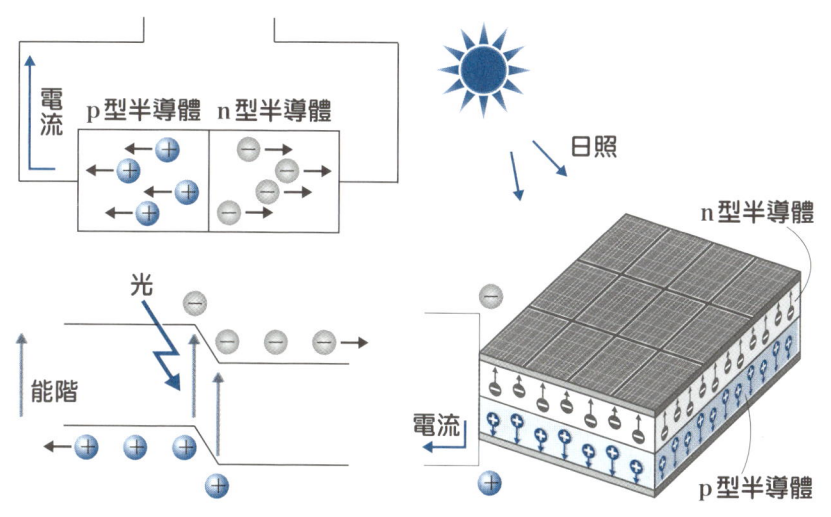

太陽能的發電量與日照量成正比，簡單來說就是**看天吃飯**。晚上與雨天時幾乎無法發電，因此需要火力發電等其他發電方式作為**備轉容量**。太陽能發電難以成為供應電力的主要發電方法。

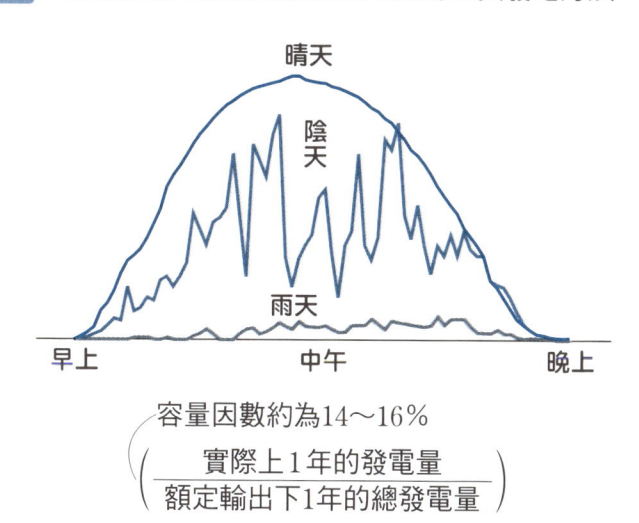

容量因數約為14～16%

$$\left(\frac{實際上1年的發電量}{額定輸出下1年的總發電量}\right)$$

風力發電

藉由風車把風的壓力轉換成旋轉力，轉動發電機發電。依照風速將葉片調整到適當角度，當風速大於切入風速時便會開始發電；如果風速大於切出風速有可能會損壞風車，因此會讓風通過，停止發電。

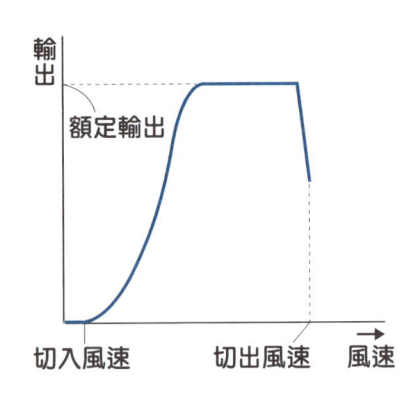

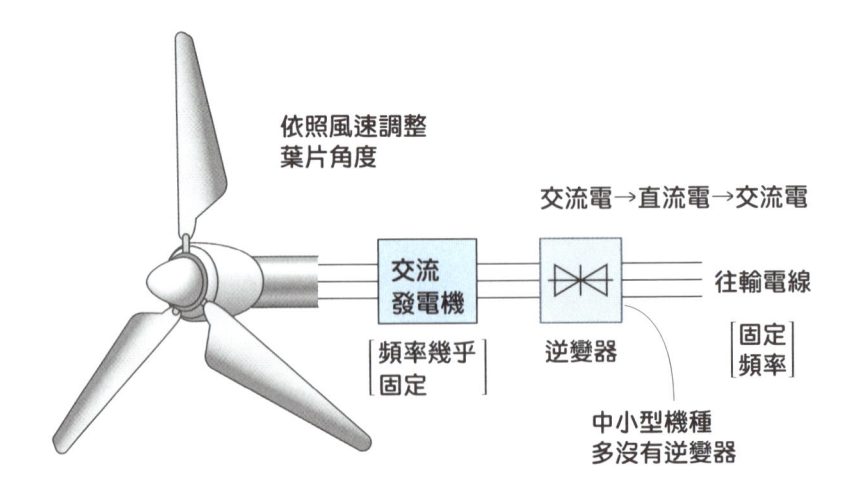

在日本國內，風況良好的地區集中於北海道、東北地方等，適合開發風力發電的地點相當有限，為風力發電的一大課題。且風力發電的發電量是**看風吃飯**，需要火力發電等作為**備轉容量**，因此與太陽能發電一樣難以成為電力供給的主要來源。

生質能源發電

不使用煤炭或液化天然氣（LNG），改用木材等植物作為燃料的火力發電。燃燒時會產生CO_2，不過這些CO_2為植物成長時從大氣中取得，再固定下來的CO_2，因此成長時吸收的CO_2與燃燒時排放的CO_2可彼此抵銷，淨排放量為零。

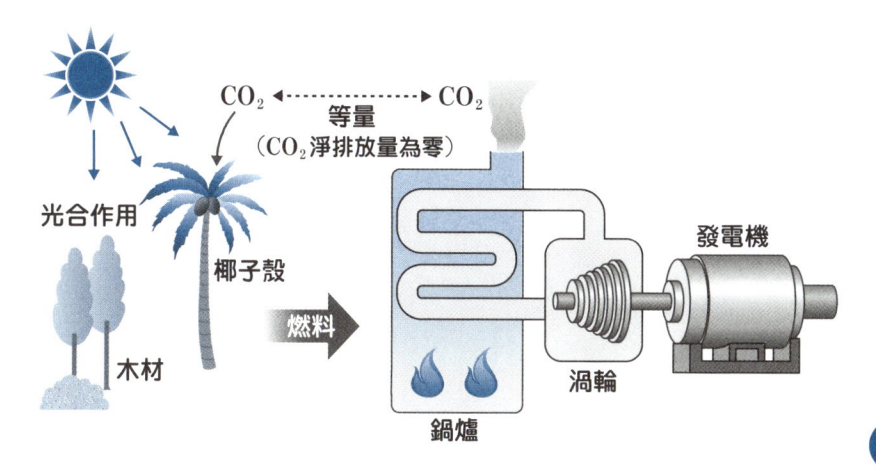

$CO_2 \longleftrightarrow CO_2$
等量
（CO_2淨排放量為零）

光合作用
椰子殼
木材
燃料
鍋爐
渦輪
發電機

生質能源發電與看天吃飯的太陽能發電或風力發電不同，可以**穩定輸出**為其一大優點。不過，日本國內可作為燃料的只有林業的間伐材等，發電量相當小，生質能源燃料大部分還是得仰賴進口。而且生質能源發電還需要注意森林破壞、生產生質能源燃料所造成的糧食生產減少等問題。

地熱發電

火山地區的地熱可以產生蒸汽，蒸汽轉動渦輪後能夠發電。與生質能源發電一樣，地熱發電可以穩定輸出。日本為火山國，地熱資源相當豐富，但適合發展地熱發電的地區集中於國家公園、溫泉地區，開發進度緩慢為一大問題。

電與化學 | 看天吃飯 | 生命週期成本

57 太陽能發電與風力發電的普及化關鍵——蓄電池

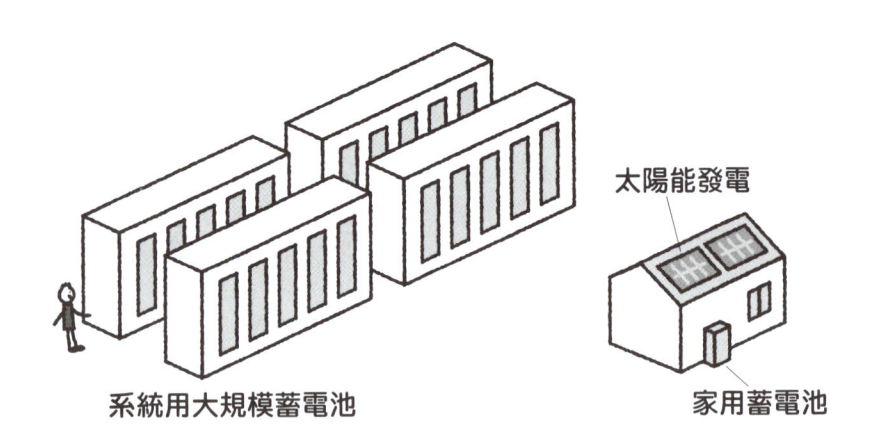

系統用大規模蓄電池　　　　　家用蓄電池
太陽能發電

　如果要維持電力系統的頻率,發電量與電力需求需要時常保持一致(**參照** 44)。如果要增加**看天吃飯**、輸出不穩定的太陽能發電或風力發電,使其成為主要的發電來源,就必須有大量蓄電池,當發電量過多時把多餘的電能儲存起來,當發電量不足時則釋出電能。

　　選擇適當的蓄電池時,需要依照電力的應用方式考慮以下面向並評估成本。

- 適當的輸出[kW]與容量[kWh]之關係
- 充放電次數(**生命週期**)
- 必要的設置空間

190

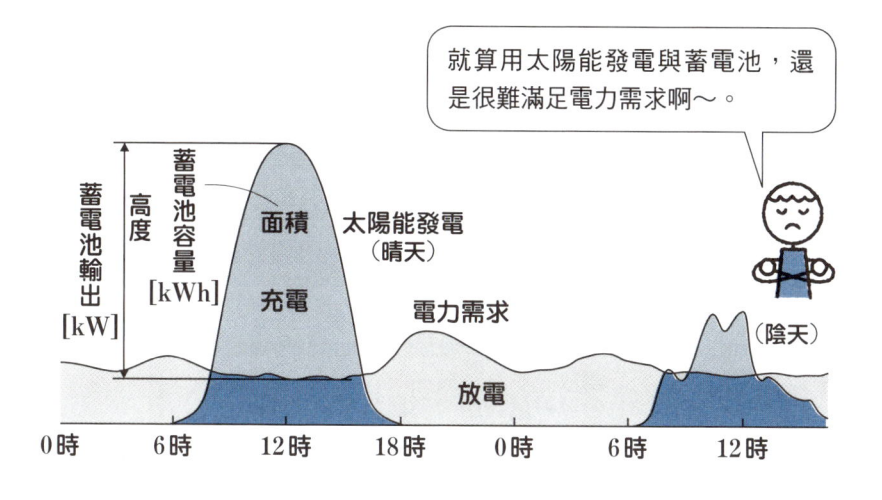

就算用太陽能發電與蓄電池，還是很難滿足電力需求啊～。

（圖：蓄電池輸出[kW]、蓄電池容量[kWh]、高度、面積、充電、太陽能發電（晴天）、電力需求、放電、（陰天），時間軸0時、6時、12時、18時、0時、6時、12時）

現階段使用的大容量蓄電池，主要有以下3種。

	鋰離子電池	鈉硫電池	氧化還原液流電池
輸出與容量	適用於大輸出	適合長時間使用（大容量）	適合超長時間使用（大容量）
充放電次數	充放電次數比其他2種差	壽命長	幾乎無限制（幾乎不會劣化）
設置空間	能量密度較高，適合小型化與輕量化	能量密度劣於鋰離子電池	能量密度相當低，設備規模十分龐大
特殊事項	常用於行動裝置與汽車，技術一直在進步	必須在300℃的高溫下運作，因此不適合需要長時間待機的用途	適合用於超長時間（以週為單位）的充放電等特殊用途

設置蓄電池需要花費**高額成本**，卻是引入與擴大再生能源時不可或缺的設備。我們需要在不同的場合設置適當的設備，例如設置於發電廠與變電所附近的大規模蓄電所，以及設置於家庭屋頂的太陽能發電裝置等。

9 碳中和與電力

191

未來的電　　　　　　　　　　　　　輸送／貯藏／分離回收

58 難以捨棄的火力發電 —— 火力發電的去碳化

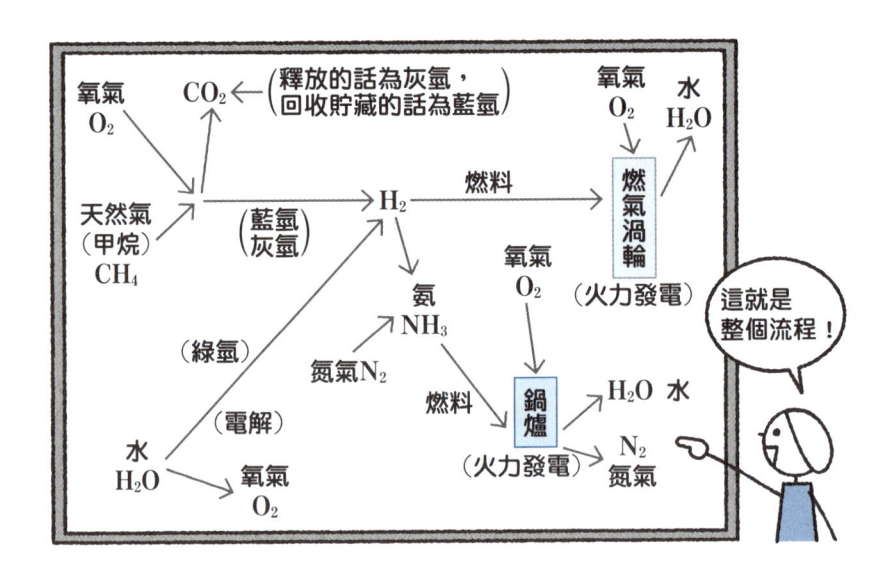

```
氧氣         CO₂ ← (釋放的話為灰氫，     氧氣      水
O₂                  回收貯藏的話為藍氫)    O₂      H₂O

天然氣       (藍氫          燃料         燃氣
(甲烷)        灰氫)  → H₂ ─────────→   渦輪
CH₄                                     (火力發電)
                            氧氣
                       氨    O₂           這就是
                      NH₃                 整個流程！
             (綠氫)
             氮氣N₂    燃料
                              →  鍋爐  → H₂O 水
水                              (火力發電) N₂ 氮氣
H₂O  (電解)  氧氣
             O₂
```

　　我們希望可以大量設置輸出不穩定的太陽能發電與風力發電設備，並一併設置大容量的蓄電池，使電力能穩定供應。然而就實際情況來說，可能會連續下好幾天雨或是沒有風，所以光是這樣還不夠。燃料可貯藏、可調整輸出的火力發電，在未來仍是不可或缺的發電方式。

　　於是，科學家們著手開發燃燒後也不會產生CO_2的燃料，用於火力發電，包括燃燒氫氣H_2的方法，與燃燒氨NH_3的方法。另外，分離、回收化石燃料燃燒後產生之CO_2的技術也在發展中。但不論是哪種技術，**成本都是最大的問題**。

以氫氣為燃料的發電

氫氣H_2燃燒後只會產生水H_2O,不會產生CO_2。然而要使用氫,需要面對許多問題。

- 氫氣分子極小,可穿過多種金屬並使其劣化,難以長時間貯存
- 氫氣的體積相當大,不適合貯藏。如果要液化壓縮體積,則需要$-253[℃]$的超低溫
- 有爆發性,操作上需要特別注意

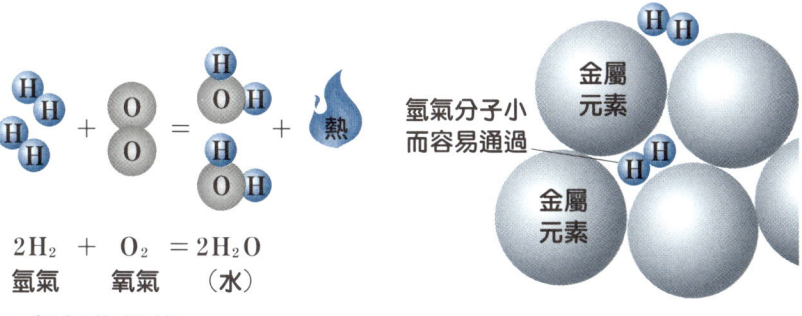

$$2H_2 + O_2 = 2H_2O$$
氫氣　　氧氣　　（水）

▲ 氫氣的燃燒

氫氣分子小而容易通過 / 金屬元素

大氣中幾乎不存在氫氣,因此需要從其他物質製造出氫氣。由製造氫氣燃料時是否產生CO_2,可將氫氣分成以下3種「顏色」。

灰氫：改變天然氣、煤炭等化石燃料的性質後得到的氫氣,製造過程中會排放CO_2

藍氫：改變化石燃料的性質後得到的氫氣。過程中會回收產生的CO_2,貯存於地下（可視為碳中和）

綠氫：藉由太陽能發電或風力發電得到的電力,電解水後得到的氫氣（考慮碳中和時,最優秀的氫氣來源）

以氨為燃料的發電

氫氣的輸送與貯藏有許多問題尚待解決，因此科學家試著將氫氣與自空氣分離的氮氣N_2結合，將產物氨NH_3作為燃料。氨可以在$-33[℃]$時液化，貯藏與輸送都方便許多，但燃燒時會產生氮氧化物造成空氣汙染，因此還需要淨化廢氣的措施。

氨燃料也可透過原料氫氣的製造方式，分成不同的「顏色」。

灰　氨：由灰氫製造而成的氨

藍　氨：由藍氫製造而成的氨

綠　氨：由綠氫製造而成的氨

碳捕集與封存（Carbon Capture and Strage, CCS）

CCS指的是將使用化石燃料的火力發電，以及製造藍氫時產生的CO_2加以**分離回收**，並貯存於地下或其他地方的技術。除了成本的問題之外，確保能長期穩定封存CO_2的地點也是一大課題。將CO_2壓入油田或天然氣田可以增加產量，因此已有一部分油田與天然氣田開始使用這種方法。

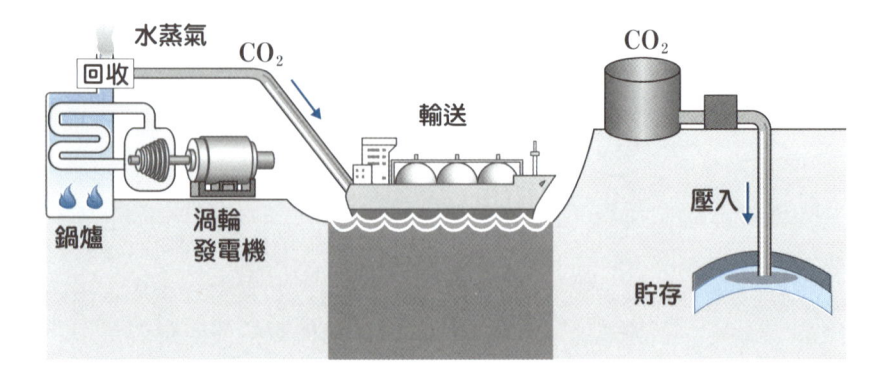

專欄 | 11　燃料電池的機制

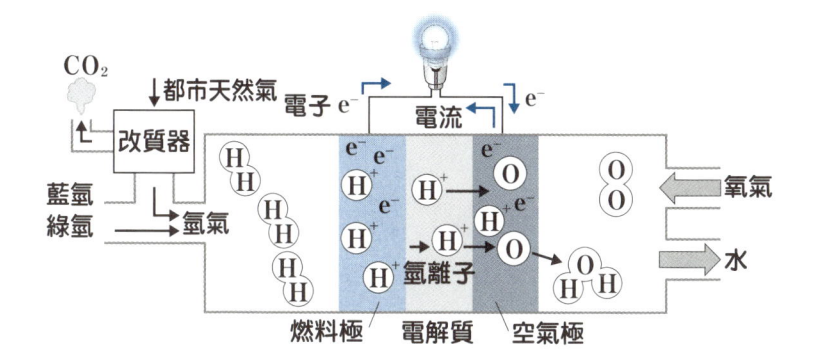

燃料電池是藉由化學反應來發電的電池。反應過程與水的電解相反，使氫氣與氧氣產生反應以得到電。燃料電池發電的同時也會產生大量的熱，如果設置於旅館、醫院等煮水用熱需求較大的設施附近，整體而言可獲得較高的能量效率。

輸入都市天然氣，於內部改變性質得到氫氣，再用於發電的燃料電池已相當普及。目前，改變性質時產生的CO_2會直接排放至大氣。未來如果能輸入綠氫或藍氫，並提高產生之熱能的使用效率，將會是達成碳中和目標的一大戰力。加入氫氣，以燃料電池與馬達驅動的氫能車，目前也已經實用化。

燃料電池應用的最大瓶頸，在於供應氫氣的基礎建設，如果要解決輸送與貯藏的問題會花費很高的成本，門檻相當高。

未來的電

分散式發電　IT技術

59 虛擬電廠、智慧社區、直流供電

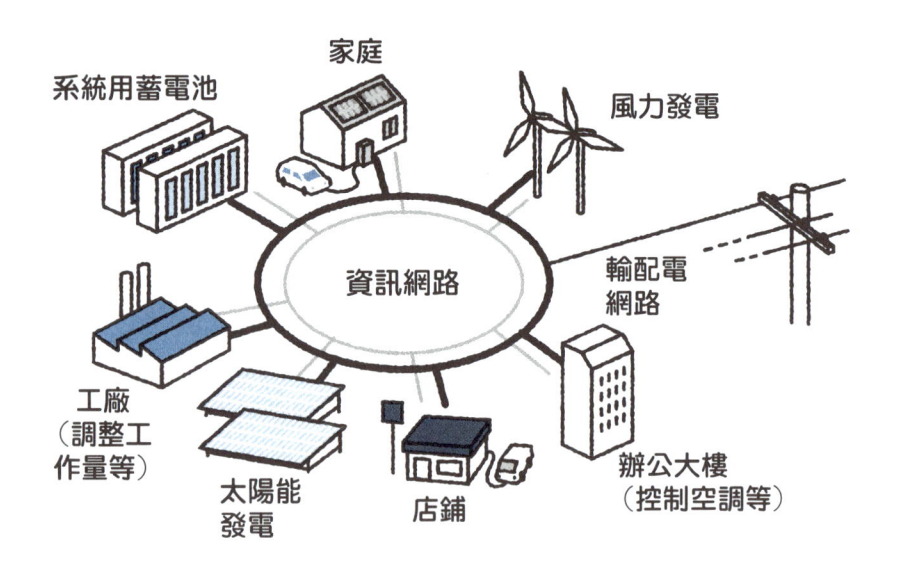

圖中元素：系統用蓄電池、家庭、風力發電、工廠（調整工作量等）、太陽能發電、店鋪、辦公大樓（控制空調等）、輸配電網路、資訊網路

在過去的電力供應系統中，都是由高效率的大規模發電廠以超高壓輸電線輸送電力，這樣效率比較高。不過隨著碳中和政策的推廣，靠近電力需求地區的小輸出**分散式發電**大量普及，並一併設置了**蓄電池**，進化成與過去完全不同型態的電力系統。

於是，可以調整分散式發電、蓄電池輸出，以及分配電力需求的相關**IT技術**，也有了對應的發展。

需量反應（DR）與虛擬電廠（VPP）

　　如果希望保持頻率固定，發電量與電力需求需要時常保持一致（**參照** ㊷）。傳統上是依照電力需求的變化來調整發電端的發電量。然而，太陽能發電與風力發電等輸出不穩的再生能源發電量逐年增加，光是調整發電端已經很難讓發電量與電力需求保持一致，需求端也要跟著一起調整才行。因此我們需要需量反應（Demand Response, DR），**積極調整**工廠與家庭等的**消耗電力**。再生能源的普及與擴大，需量反應為不可或缺的要素。

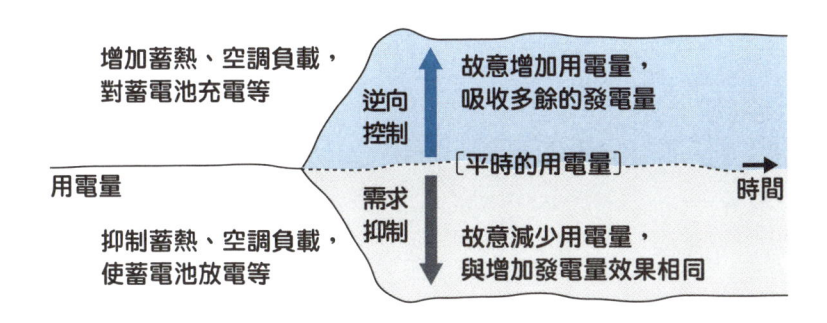

```
增加蓄熱、空調負載，           故意增加用電量，
對蓄電池充電等      逆向       吸收多餘的發電量
                    控制
                           [平時的用電量]
用電量                                              時間
                    需求
抑制蓄熱、空調負載， 抑制       故意減少用電量，
使蓄電池放電等                 與增加發電量效果相同
```

　　以**IT技術**控制多種需量反應以及蓄電池的充放電，就好像是有一個虛擬的發電機，可以提供剛剛好的電力滿足用電需求，這種技術叫做虛擬電廠（Virtual Power Plant, VPP）。使電動車的電池連接電力系統充放電，也是VPP的應用之一。

智慧社區、智慧電網

　　隨著VPP的發展，可進一步打造出智慧社區。在該地區內的再生能源發電量，可以滿足當地用電需求，盡可能避免使用來自外部、由化石燃料生成的能源。另外，控制這種地區電力供需的輸配電網稱為智慧電網。

直流供電

　　太陽能發電與蓄電池內部為直流電，資訊裝置與家電內部也是直流電。於是，為了減少交流電與直流電間轉換的耗損，科學家想到可以**以直流電供應電力**給需要的設施與家庭，稱為「直流供電」。

　　以直流電供電的最佳候選為聚集了許多電腦伺服器、網路機器的資料中心。如果要讓使用太陽能發電、家用蓄電池的家庭直流供電化，需要改變家電產品的規格，門檻較高。

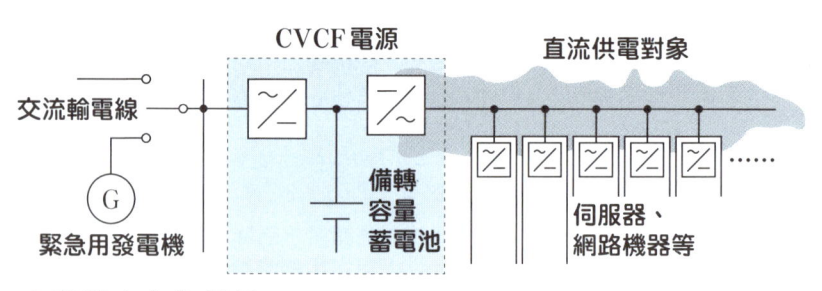

▲ 資料中心的例子

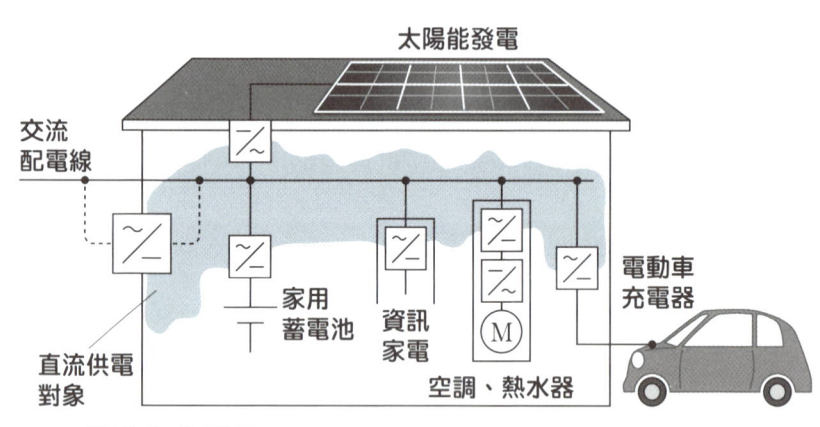

▲ 一般家庭的例子

專欄 12

減少碳排放的光與影

　　減少碳排放的活動牽扯到國際利害關係，是個複雜的世界。已開發國家要求開發中國家也要負起減少碳排放的義務，開發中國家則要求已開發國家提供資金與技術，兩者彼此對立，再加上各國往往選擇對自己的技術與產業有利的方向作為減碳目標，因減碳而劍拔弩張的例子不勝枚舉。

　　即使有某個國家提出了嚴格的減碳目標，但如果只是把碳排放量大的產業移轉到減碳限制較為寬鬆的國家，總碳排放量反而會增加。減少碳排放量的好處，需要等到數十年後才能反映在地球環境上。目前被嚴格要求碳排放量的人們，無法立刻享受到好處；沒有被嚴格要求碳排放量的人們，將來卻同樣能享受到好處，這也是限制碳排放量不公平的一面。

　　比起已開發國家，開發中國家的碳排放量多出許多。在這樣的現實情況下，若要以世界性的規模有效率地減少碳排放量，必須盡可能選擇負擔較小，又不會讓生活變得貧脊，甚至能增添生活豐富度的方法。

　　減少碳排放量的方法十分多樣，包括了「碳排放量視覺化」、「增加『減少碳排放量』的動機」等較為緩和的方法，「碳稅」、「碳排放交易」等課徵金錢的方法，「禁止製造白熾燈泡」、「禁止販賣汽油車」等以法律禁止銷售特定品項的方法等。

　　人們每天都在談論減少碳排放量的政策與規定。這些政策與規定是否不會影響到人們的生活？是否對國家有益？是否對地球整體環境有貢獻？如果看了本書，學習到電學知識的各位對這些問題產生興趣，那就太棒了。

INDEX

單位

per unit[pu] 130, 146

分貝[dB] 101

牛頓[N] 13

乏[Var] 64

瓦[W] 13, 14

瓦特小時[Wh] 15

伏特[V] 4, 13

伏特安培[V・A] 64, 130

安培[A] 3, 13

百分比[%] 130

西門子[S] 12, 54

亨利[H] 53, 129

帕斯卡[Pa] 129

法拉[F] 54, 129

流明[lm] 180

庫侖[C] 3, 129

弳度[rad] 45

特斯拉[T] 58, 129

勒克斯[lx] 180

焦耳[J] 13, 14, 15

赫茲[Hz] 44, 129

歐姆[Ω] 9, 13, 54

燭光[cd] 180

英數字

10進位 114, 115

2進位（數） 114, 115

3端子穩壓器ᅠ..................... 181

AM無線電 102, 112, 113

CO_2 .... 161, 184, 185, 189, 192, 193, 194, 195

FM無線電 102, 112, 113

IH爐 174, 175

LED燈 178, 187

SF₆（六氟化硫）...................135

turn off 151, 152

turn on.....................151, 152

Y接線.. 72, 73, 74, 75, 78, 127

1～5劃

二瓦特計法........................91

二極體 8, 87

二端子法......................92, 93

八度................. 100, 106, 107

力矩............... 84, 85, 91, 156, 157, 162, 163, 165, 166

三角（△）接線.....................72

三相不平衡電路..................78

三相交流電............. 70, 71, 72, 74, 76, 77, 91, 126, 152

中性區.............................168

中性點 .. 72, 73, 126, 127, 128

中性點接地法...................126

中波................................113

介電質 174, 175

內部電阻.......... 26, 27, 36, 82, 83, 92, 93, 94

分子偶極子........................175

分流器.............................83

分散式發電......................196

切換式電源......................182

化學能.............................156

反相放大電路....................111

太陽能發電........ 187, 190, 191, 196, 198

方波............................88, 89

日光燈...... 153, 177, 178, 179

比流器（Current Transformer, CT）
..................................96, 97

比流器比值.......................97

比較器.............................117

比壓器（Voltage Transformer, VT）
....97

水力發電...................139, 159

火力發電.......... 139, 159, 187, 188, 189, 192, 194

主要保護........................135

功................................14, 15

功角特性曲線 142, 143, 144

功率 13, 14, 157

功率因數 63, 65, 66, 80

匝數比 56, 57, 97, 145, 148

半導體 8, 9, 151, 176, 178, 179, 187

去碳化 184, 185, 186, 192

可追溯性 81

可動線圈型 84, 85, 86, 87

可動鐵片型 84, 86, 89

四端子法 92, 93, 94

外部電阻 37, 38, 39

失步 143

失真率 80

平行雙通道輸電 124, 125

平均值 47, 50, 63, 64, 84, 85, 87, 88, 89

正弦波 16, 17, 44, 47, 52, 53, 54, 63, 88, 153

永久磁鐵 76, 85, 102, 165

瓦時計 91

瓦特計 90, 91

生質能源發電 189

白熾燈泡 ... 176, 178, 179, 199

6～10劃

交流電 16, 17, 44, 45, 47, 49, 50, 51, 56, 59, 63, 70, 81, 84, 86, 87, 88, 91, 100, 108, 120, 122, 129, 130, 138, 142, 145, 149, 150, 151, 152, 153, 162, 167, 168, 174, 198

伏打電池 4, 13

伏特計 39, 81, 82, 83, 89, 92, 93

光度 180

光通量 180

共同管道方式 124

共軛複數 55, 63, 65

再生制動 169

再生能源 186, 191, 197

同步馬達 76, 164, 165, 168, 169

同步穩定性 142, 149

向量 55, 59, 60, 61, 64, 65, 75, 104, 109, 127

地下纜線配電 123

地熱發電 189

多導體輸電線 125

安培力型 84, 86

安培定律 18, 20, 51, 56

安培計 81, 82, 83, 93

有效功率 63, 64, 65, 66, 75, 80, 142, 143, 145, 146

有效值 47, 49, 50, 84, 86, 87, 88, 89, 149

百分比阻抗法 130, 131

自由電子 7

自動穩壓器（SVR）............. 148

自動關斷元件 152

自然對數 67

自耦變壓器 148

串聯 24, 25, 36, 37, 81

串聯諧振 108

位元 115, 116, 117

位能 156, 159

低通濾波器 104, 105, 106, 107, 116, 117

克希荷夫定律 28, 32, 47

冷媒 170, 171

冷凝器 160, 161

均方根值（root mean square value）
.... 50

改變頻率 150

汞 177, 178

汞燈 178, 179

汽化熱 170

角速度 44, 45, 46, 52, 53, 156, 157, 164

並聯 24, 36, 38, 73, 81

並聯諧振 108, 109

供需計畫 138, 139

制動力矩 85

制動裝置 85

取樣 89, 114, 115

取樣定理 114

放大作用 9

放射狀系統 122, 123, 124

203

法拉第定律 17, 20, 51, 56, 158, 162, 174

直流串聯繞組馬達 166, 168

直流供電 196, 198

直流馬達 ... 162, 163, 167, 168

直流電 16, 17, 48, 49, 50, 54, 67, 81, 84, 85, 86, 87, 120, 121, 142, 149, 150, 151, 152, 153, 167, 168, 181, 182, 188, 198

直流輸電 120, 149, 150, 151, 152, 153

直接接地方式 127

矽 8, 178

空芯 19

空氣 8, 19, 85, 101, 103, 112, 134, 160, 161, 194

空氣阻力 85

金屬 6, 7, 174, 175, 193

阻抗 51, 54, 61, 62, 66, 67, 74, 78, 80, 108, 109, 111, 130, 131, 132, 133, 137, 143, 146

阻抗圖 133

非反相放大電路 111

非同步 121

非故障相電壓 127

非接地方式 128

保護協調 135

保護繼電器
.... 134, 135, 136, 141

後備保護 ... 134, 135, 136, 137

故障電流 127, 128

星形接線 72

架空地線 124, 125

相位 46, 52, 53, 59, 60, 63, 64, 65, 70, 71, 72, 75, 80, 104, 106, 108, 144

相電壓 70, 71, 74

背板 103

計量法 81

負載分接頭切換裝置（LTC）
.... 147

重點網路法 123

重疊定理 40, 41, 78

風力發電.. 159, 188, 190, 192, 193, 196

飛輪.................................140

食鹽電解..........................172

倍角公式............................48

倍增器................................83

原子核................................7

容抗.................................108

振膜.........................102, 103

時間特性..........................136

校正..................................81

核能發電...................161, 185

氣體斷路器.......................135

氧化反應..........................172

氧化還原液流電池 191

氨.....................185, 192, 194

海底電纜輸電...................151

特別高壓系統
.... 124, 125, 127, 137

特別精密級........................82

特定計量器........................81

特定標準器........................81

真空隔熱............................87

真空斷路器.......................135

能量（能源）......... 14, 15, 63, 64, 140, 145, 156, 158, 159, 161, 169, 174, 178, 179, 182, 184, 186, 187, 191, 195

脈寬調變（PWM）.................116

迴圈狀系統................122, 125

逆變器.............. 152, 165, 168

配電用變電所............123, 124

配電系統..........122, 128, 148

配電線....... 71, 122, 123, 124, 126, 128, 136, 145, 148

馬達.......... 21, 103, 156, 162, 165, 166, 167, 195

高通濾波器
.... 104, 105, 106, 107

高電阻接地方式.................127

205

11～15劃

動力... 21, 140, 156, 157, 158, 159, 160, 161, 162, 166

動能.......................... 156, 169

商用電源.......... 44, 45, 49, 95, 153, 181, 182

國家計量標準供給制度.........81

基於自身容量 130, 132, 133

基準阻抗 131, 132, 133

基準相位 61, 62, 64, 144

基準電功率
.... 130, 131, 132, 133

基準電流 131, 132, 133

基準器 81

專用管道方式 124

常用對數 101

排除故障 ... 127, 134, 135, 136

接地 73, 94, 95, 111, 126, 127, 128

接地電阻 92, 94, 95

接腳線 92, 93

控制力矩 84

控制裝置 84, 85

旋轉磁場 76, 77, 164

桿上變壓器........ 122, 123, 148

氫（氣）
......173, 185, 192, 193, 194

理想放大器..........................110

異常電壓 97

速度控制 162, 164

速度調整率 138, 140, 141

閉路方程式.............. 28, 35, 41

陰極 151, 172, 173

麥克風 102, 103, 110

勞侖茲力 21

單相交流電.............. 70, 71, 77

單相接地故障 126, 127

場磁繞組
......147, 163, 165, 166, 167

惠斯登電橋..........................93

揚聲器 102, 103, 107, 110

普通級 82

智慧社區 197

智慧電網 197	超高壓系統 125, 127, 136, 137
最大值 47, 48, 50, 88, 89, 149	超高壓變電所 124, 125
氮氧化物 194	超導 7, 58
游絲（緊帶）........................... 85	距離繼電器 137
無效功率 63, 64, 65, 66, 75, 80, 133, 145, 146	量化 114
發條彈簧 85	量化雜訊 114
發電機 16, 20, 44, 45, 72, 73, 103, 120, 121, 122, 130, 132, 138, 139, 140, 141, 143, 145, 147, 156, 158, 159, 160, 161, 162, 188, 189, 194, 197	鈉硫電池 191
	鈉燈 178, 179
	開路（斷路）............... 40, 41, 97
	間隔距離 8
短路 40, 41, 97, 134	陽極 151, 172, 173
紫外線 177	集電環 45, 147, 165
絕熱膨脹 170, 171	傳遞函數 104, 105
絕熱壓縮 170, 171	微分方程式 67
絕緣體 6, 8, 174	微波加熱 174, 175
虛數 55, 59, 60, 61, 62	微波爐 174, 175
虛擬接地 110, 111	愛迪生 120, 121, 129, 149, 177
虛擬電廠（Virtual Power Plant, VPP）.. 197	感抗 108
視在功率 63, 64, 65, 66, 75	感應干擾 127, 128

207

感應加熱 174

感應馬達 163, 164, 165, 166, 168, 169

感應電動勢 18, 20, 44, 51, 52, 53, 56, 158, 162, 163, 174

極化電壓 103

極座標 59, 60

極超短波 113

準普通級 82

準精密級 82

溫室氣體 184

滑動觸點 93

煙囪 160, 161

照度 180

畸變波 88

節點方程式 32, 33, 35, 41

經濟負載調度 138, 139

載波 112, 113

運算放大器 110, 111

過載繼電器 136

閘流體 151

閘脈衝 151, 152

電力系統 96, 122, 130, 133, 134, 135, 138, 140, 145, 152, 190, 196, 197

電子 2, 3, 7, 21, 172, 173, 177, 178, 179, 195

電化學 129, 156, 172

電功率（電力）...... 13, 14, 15, 48, 49, 50, 58, 63, 64, 65, 74, 75, 77, 80, 81, 86, 90, 91, 110, 120, 123, 130, 133, 138, 139, 140, 142, 143, 144, 156, 157, 159, 162, 167, 169, 176, 179, 180, 182, 192, 193

電抗 ... 61, 109, 142, 143, 146, 177

電刷 ... 147, 163, 165, 167, 168

電弧放電 134, 135, 178

電阻 4, 5, 6, 7, 9, 10, 11, 12, 13, 14, 15, 24, 25, 28, 29, 36, 37, 38, 40, 47, 48, 50, 54, 56, 57, 61, 63, 80, 83, 92, 93, 94, 105, 127, 142, 144, 146, 163, 176

電阻率 9

電洞 179

電流....... 2, 3, 4, 5, 7, 8, 9, 10, 11, 12, 13, 14, 15, 16, 17, 18, 19, 20, 21, 24, 25, 26, 27, 28, 29, 30, 32, 33, 35, 36, 37, 38, 40, 47, 48, 49, 50, 51, 52, 53, 54, 56, 57, 58, 59, 60, 61, 62, 63, 64, 65, 66, 67, 70, 74, 75, 77, 80, 81, 82, 84, 85, 86, 87, 90, 91, 92, 94, 95, 96, 97, 103, 108, 109, 111, 112, 116, 126, 127, 128, 129, 130, 131, 133, 134, 135, 136, 137, 144, 146, 149, 150, 151, 152, 153, 158, 162, 163, 166, 174, 175, 187, 195

電流差動繼電器.................137

電流源 26, 27, 36, 37, 38, 40, 41, 92, 96, 116

電流戰爭 120, 129, 149

電容（器）............. 51, 53, 54, 61, 63, 64, 67, 97, 103, 104, 105, 107, 108, 109, 146, 182

電容型比壓器（Capacitor Voltage Transformer, CVT）................97

電容率................................80

電容量 13, 54, 128, 129

電能............ 14, 15, 80, 90, 91

電荷....... 2, 3, 4, 6, 13, 16, 21, 51, 53, 63, 64, 67, 129, 179

電場........... 80, 112, 125, 175

電晶體...........................9, 182

電感..............................53, 129

電暈放電...........................125

電極.......... 51, 53, 54, 64, 95, 103, 172, 177, 178

電源....... 4, 5, 8, 9, 10, 11, 12, 16, 26, 28, 29, 37, 38, 40, 57, 66, 67, 70, 76, 81, 82, 90, 91, 103, 133, 135, 139, 147, 162, 163, 164, 165, 173, 177, 181, 182

電磁學.......................18, 129

電磁鐵.......................76, 129

電樞繞組........... 163, 166, 167

電漿................................134

電導........... 10, 12, 24, 25, 33, 34, 35, 38, 54

209

電壓..................4, 5, 9, 10, 11, 12, 18, 20, 21, 24, 26, 27, 30, 33, 34, 36, 37, 38, 39, 40, 44, 45, 47, 48, 49, 50, 51, 52, 53, 54, 56, 57, 59, 60, 61, 62, 63, 64, 65, 67, 70, 71, 73, 74, 75, 80, 81, 82, 84, 89, 90, 91, 92, 95, 96, 97, 101, 103, 104, 108, 110, 111, 115, 116, 117, 120, 122, 127, 128, 130, 132, 133, 135, 136, 137, 138, 142, 143, 144, 145, 146, 147, 148, 149, 150, 151, 152, 153, 158, 165, 167, 168, 177, 178, 181, 182

電流定律（第一定律）........28, 32

電壓定律（第二定律）
.....................28, 29, 30, 52

電壓降.......10, 11, 12, 28, 30, 82, 94, 111, 146

電壓源.......26, 27, 36, 37, 38, 40, 41, 93, 97, 116

電壓源變流器......................152

電壓調整....................145, 148

實數.................................55, 60

對稱分量法............................78

慣性力.................................140

截止頻率.....................104, 106

演色性.........................178, 180

熔融鹽電解法....................173

碳中和.....184, 185, 186, 193, 195, 196

碳捕集與封存（Carbon Capture and Strage, CCS）......................194

碳排放交易........................199

碳稅..................................199

磁（力）...........18, 19, 21, 77

磁阻...............................19, 58

磁動勢..........................19, 58

磁控管..............................175

磁通量.......19, 20, 21, 51, 56, 57, 58, 63, 64, 102, 145, 147, 158

磁通量密度..................58, 129

磁場...........13, 18, 19, 21, 51, 58, 76, 77, 80, 85, 86, 112, 162, 163, 166, 175

磁滯特性.............................58

磁耦合.......................164, 165

磁導率 80

精密度等級 82, 84

精密級 82

網狀接地電極 95

網路保護裝置 123

聚乙烯 8

聚氯乙烯 8

蒸汽發電 160, 161

蓄電池 190, 191, 192, 196, 197, 198

赫斯定律 159, 160

銅 4, 6, 8

銅損 58

需量反應（Demand Response, DR）
....197

增益 ...104, 105, 106, 107, 110

廢氣加熱器 161

數位檢測器 89

暫態現象 67

歐姆定律 10, 11, 12, 13, 14, 19, 28, 47, 59, 61, 62

熱泵 170, 171, 185

熱能 156, 158, 159, 160, 161, 174

熱電型 87, 89

熱電偶 87

線性馬達 166, 169

線性電源 181

線圈 18, 44, 45, 51, 52, 53, 54, 56, 57, 58, 61, 62, 63, 64, 67, 73, 76, 85, 86, 90, 91, 96, 102, 103, 104, 105, 107, 108, 109, 147, 153, 163, 164, 165, 169, 174, 175, 177

線電壓 70, 71, 74, 75, 77, 128

線電壓換相變流器 149, 151

複數 55, 59, 60, 61, 65, 75, 104, 144

調相設備 146, 152

調速器 138, 140, 141

調幅（AM） 113

調頻（FM） 113

質量虧損 161

鋁 6, 91, 173

211

鋰離子電池........................191

16～20劃

凝結熱 170

導納................................51, 54

導體....... 6, 7, 8, 9, 18, 20, 21, 51, 102, 124, 125, 158, 159, 162, 163, 164, 169, 174

整定值 136

整流.... 87, 153, 167, 181, 182

整流子 163, 167, 168

整流型 84, 87, 88, 89

燃料電池 195

燃氣渦輪複循環發電... 160, 161

燈絲 176, 177

諧波 80, 153

諾頓定理 38, 39, 41

輸電功率 76, 77

輸電線 ... 8, 73, 121, 122, 123, 124, 125, 126, 130, 134, 137, 138, 142, 143, 144, 145, 146, 149, 150, 152, 188, 196

靜電力 103

頻率 44, 45, 48, 54, 76, 80, 87, 100, 104, 106, 107, 108, 109, 112, 113, 115, 120, 121, 129, 138, 140, 141, 145, 150, 153, 165, 168, 175, 177, 182, 188, 190, 197

頻率調整 138, 140

戴維寧定理.............. 37, 38, 41

檢流計 94

檢測器用變換器........... 96, 136

環狀鐵芯 56, 96

瞬間值 47, 49, 63

聲音訊號.. 100, 101, 102, 103, 104, 107, 110, 112, 113,115

聲壓................................101

還原反應 172

斷路器 123, 124, 134, 135, 136

轉差 162, 164

轉動慣量 140, 157

離子交換膜................ 172, 173

離散感應電壓 95

額定電壓 97, 131, 132

穩定器 177

類比檢測器..............82, 84, 85

饋電 167

21～25劃

鐵芯............ 19, 53, 56, 57, 58

鐵損 58

驅動力矩..... 84, 85, 86, 90, 91

驅動裝置 84, 85

變流器
　......149, 150, 151, 152, 153

變壓器 56, 57, 58, 72, 73, 95, 96, 97, 120, 123, 124, 125, 126, 127, 130, 132, 133, 142, 147, 148, 152, 167, 181, 182

變壓器分接頭 145, 147

觀測者效應 82

〈作者簡歷〉

二宮崇

1993年起，在四國電力公司從事水力發電廠的維護、電力系統應用、電力事業制度改革、電力供需計畫制定等工作。長期於日本電氣協會等主辦的電驗三種講習會中擔任講師。第一種電氣主任技術者、氣象預報士。

超圖解電力電路入門
從電路的性質、分析測量到應用範圍，
一本全面學習！

2025年9月1日初版第一刷發行

日文版工作人員	
插圖	サタケ シュンスケ
內文設計	上坊 菜々子

作　　　者	二宮崇
譯　　　者	陳朕疆
主　　　編	陳正芳
美術編輯	林佩儀
發 行 人	若森稔雄
發 行 所	台灣東販股份有限公司
	＜地址＞台北市南京東路4段130號2F-1
	＜電話＞(02) 2577-8878
	＜傳真＞(02) 2577-8896
	＜網址＞https://www.tohan.com.tw
郵撥帳號	1405049-4
法律顧問	蕭雄淋律師
總 經 銷	聯合發行股份有限公司
	＜電話＞(02) 2917-8022

國家圖書館出版品預行編目資料

超圖解電力電路入門：從電路的性質、分析測量到應用範圍，一本全面學習！／二宮崇著；陳朕疆譯. -- 初版. -- 臺北市：臺灣東販股份有限公司, 2025. 09
224面；14.7×21公分
ISBN 978-626-437-075-2 (平裝)

1.CST: 電力 2.CST: 電路

448.3　　　　　　　　　　114009787

禁止翻印轉載，侵害必究。
本書如有缺頁或裝訂錯誤，請寄回更換（海外地區除外）。
Printed in Taiwan.

Original Japanese Language edition
"DENKIKAIRO MAJIWAKARAN" TO OMOTTATOKINI YOMUHON
by Takashi Ninomiya
Copyright © Takashi Ninomiya 2024
Published by Ohmsha, Ltd.
Traditional Chinese translation rights by arrangement with Ohmsha, Ltd.
through Japan UNI Agency, Inc., Tokyo